■ 高等学校理工科电工技术类规划教材

微特电机实验教程

MICRO MOTOR EXPERIMENT TUTORIAL

主编/孙长海　　副主编/孙建军 孙建忠

U0244113

大连理工大学出版社

Dalian University of Technology Press

图书在版编目(CIP)数据

微特电机实验教程 / 孙长海主编. — 大连 : 大连
理工大学出版社,2017.12
　ISBN 978-7-5685-1140-7

　Ⅰ.①微… Ⅱ.①孙… Ⅲ.①微电机－实验－高等学
校－教材 Ⅳ.①TM38-33

中国版本图书馆 CIP 数据核字(2017)第 292984 号

微特电机实验教程
WEITE DIANJI SHIYAN JIAOCHENG

大连理工大学出版社出版
地址:大连市软件园路80号　邮政编码:116023
发行:0411-84708842　邮购:0411-84708943　传真:0411-84701466
E-mail:dutp@dutp.cn　URL:http://dutp.dlut.edu.cn
大连住友彩色印刷有限公司印刷　　　　大连理工大学出版社发行

幅面尺寸:185mm×260mm　　印张:8.25　　　字数:191千字
2017 年 12 月第 1 版　　　　2017 年 12 月第 1 次印刷

责任编辑:许　蕾　　　　　　　　　　　责任校对:李宏艳
封面设计:奇景创意

ISBN 978-7-5685-1140-7　　　　　　　　定　价:18.00元

前　言

微特电机及系统在工农业生产、国防、航空航天以及自动化领域具有非常广泛的用途。微特电机常用于控制系统中，以实现机电信号或能量的检测、解算、放大、执行或转换等功能，或用于传动机械负载，也可作为设备的交、直流电源。

微特电机在课程体系上是电机学的延伸与深化，其理论性与实践性较强，是电气工程及其自动化、电机与电气、工业自动化、机电一体化等专业（方向）的一门重要专业（方向）课程。本课程的主要任务是通过讲课、练习和实验，使学生掌握自动化领域中常用微特电机及系统的基本结构、基本原理、基本性能和基本使用方法。

针对微特电机的发展近况，大连理工大学专门为学生开设了"微特电机实验教程"相关课程，注重培养学生的以下专业能力：

（1）具有从事电气工程所需的数学、自然科学与电气工程相关知识。

（2）掌握扎实的工程基础知识和电气工程专业的基本理论知识，了解电气工程的前沿发展现状和趋势。

（3）具有综合运用所学科学理论和技术手段分析、设计电机系统的能力。

（4）具有对于电气工程问题进行系统表达、建立模型、分析求解和论证的能力。

（5）掌握文献检索、资料查询及运用现代信息技术获取相关信息的基本方法。

本课程旨在培养学生的以下能力：

（1）掌握微特电机及其控制实验的基本知识，初步了解微特电机系统的功能，了解微特电机系统发展过程和前沿技术，培养学生发现问题、解决问题的基本能力。

（2）掌握微特电机系统各种类型电机的基本理论和方法，具备电机分析的能力。

（3）掌握微特电机系统的基本概念和常用控制电机的一般原理，熟悉微特电机的结构、原理与应用，掌握微特电机在不同应用领域的性能参数与指标，具备一般微特电机系统的分析和设计能力。

（4）掌握微特电机系统性能分析和系统设计的基本方法，具备一般自动控制系统的初步设计能力，培养学生的实践能力。

　　实验课程与理论课程的重要差别在于,在实验课程中学生是主体,教师仅起到辅助作用。在实验课程实施之前,学生必须认真了解教学实验台(设备)的组成和基本使用方法;学习安全用电常识,并熟记安全操作规程。在每次实验之前,学生必须预习指导书的相关章节,明确实验目的及任务、充分理解实验项目的具体内容,弄清实验原理、实验线路和实验步骤,了解本次实验所需要的实验设备、仪器和仪表及其使用方法、注意事项,并撰写预习报告。提交正确的预习报告是进入实验室、实施实验的必要条件。预习报告包括解答基本理论问题以及实验设备、实验步骤等内容。对于设计性实验,还需要根据实验目的和要求,自主拟定实验线路、实验步骤、实验数据表格,确定所需的实验设备。

　　本书共分为5章。第1章对微特电机及其控制实验方法进行了概述。第2~4章分别针对具体的无刷直流电机、开关磁阻电机、步进电机及其相应的控制方法进行了实验讲解与设计。第5章在已经完成具体实验的基础上,采用计算机仿真的实验方法,进一步对各个实验对象的原理、结构等加深理解。

　　本书由大连理工大学孙长海主编,参加编写工作的有(按章节顺序):孙建忠(第1章)、孙建军(第2章)、孙长海(第3~5章)。全书由孙长海统稿并最后定稿。

　　由于编者水平有限,加之编写时间比较仓促,书中的错误和不妥之处在所难免,恳请广大读者给予批评指正。

编　者

2017 年 12 月

目　录

第1章 微特电机及其控制实验基础

本章首先介绍了微特电机的特点、趋势和应用,其次介绍了电机数字控制系统中位置、转速和电流等信号的检测方法,最后介绍了基于微控制器的电机数字控制系统的构成方法。通过本章学习,读者可以了解微特电机的现状和趋势,掌握微特电机控制系统的构成方法。

1.1 概　述

随着现代科学技术的迅猛发展,特别是微电子技术、电子计算机技术、电力电子技术和材料科学的飞速发展,近年来国内外出现了许多性能优越的新型电机。习惯上,我们把这些新型电机都归入特种电机。一般来说,与传统电机相比,在工作原理、结构、性能或设计方法上有较大特点的电机都属于特种电机的范畴。而国家标准 GB 18211—2000 将折算至 1 000 r/min 时连续额定功率在 750 W 及以下或机壳外径不大于 160 mm 或轴中心高不大于 90 mm 的电机都划归微电机。由于特种电机的功率越来越大,微特电机不再是微型的特种电机,而是泛指各种微电机和特种电机。

从工作原理来看,有些微特电机已经突破了传统电机理论的范畴。众所周知,电机是以磁场为媒介进行机电能量转换的电磁装置。而随着现代科学技术的飞速发展,近年人们借助微电子技术、精密机械技术、新材料技术、生物技术以及计算机技术等,研制出不少新型的特种电机。例如,超声波电机利用压电陶瓷的逆压电效应将电能转换为机械能。

在传统电机理论的范畴内,许多电机的工作原理也具有较大的特殊性。例如,无刷直流电机最初是由电子换向线路代替机械换向器发展起来的,但之后的发展使其无论是在电机结构上,还是运行和控制原理上,更接近于同步电机。开关磁阻电机无论是电机结构、还是工作特性,都与传统的同步磁阻电机有很大的差异。步进电机作为一种控制电机,是将数字脉冲信号转换为机械角位移和线性位移。

从结构来看,除了传统的径向磁场旋转电机之外,还出现了许多特殊结构电机,如直线电机、平面电机、盘式电机(轴向磁场)、横向磁场电机、螺旋电机等。近几十年来,直线电机发展很快,在许多领域获得应用并取得了良好效果。如永磁直线直流电机在计算机外围设备中获得极广泛的应用(用于此用途的永磁直线直流电机也叫音圈电机),并且促进了计算机外围设备的小型化。在一些特殊场合,盘式电机由于其外形扁平、轴向尺寸短而特别适用于安装空间有严格限制的设备上,如汽车空调器与散热器、电动车辆、计算机软盘驱动装置以及各种家用电器等。

微特电机的种类很多,而且仍在不断创新和发展之中。一般来说,新工艺、新材料的采用,必然带来电机设计方法的改变和电机运行性能的变化。本教材在编写时,结合特种电机的最新发展趋势,重点介绍已经取得或即将取得广泛应用的几种特种电机——无刷直流电机、开关磁阻电机、步进电机和超声波电机及盘式电机和直线电机。

　　微特电机的应用非常广泛,涉及军事、航空航天、工农业生产、日常生活等领域。在信息处理领域,配套微电机全世界年需求量约 15 亿台(套),这类电机绝大部分是精密永磁无刷电机、精密步进电机。在交通运输领域,直线电机被用于磁悬浮列车;高性能无刷直流电机、开关磁阻电机、永磁同步电机被用于电动汽车驱动,而在高档汽车中,要使用 40~50 台微特电机,而豪华轿车上的电机可多达 80 台。在家用电器领域,工业化国家一般家庭中用到 35 台以上特种电机。为了适应信息时代发展的需要,实现节家电产品节能化、舒适化、网络化、智能化,对家电配套电机提出了高效率、低噪声、低振动、低价格、可调速和智能化的要求,无刷直流电机、开关磁阻电机等新兴的机电一体化产品正逐步替代传统的单相感应电机。在电气传动和伺服驱动领域,对电机要求从单纯的提供动力,发展到实现转矩、转速、位置的精确控制,特种电机的应用越来越广泛,如开关磁阻电机、无刷直流电机、永磁同步电机、功率步进电机用于各种数控机床、机械手、机器人等。在军事和航空航天领域,新型准备的发展离不开各种高精度、高可靠性和高性能的微特电机,如美国国家航空航天局(NASA)的 Coddar Space Flight Center 将超声电机应用于太空机器人,其中,微型机械手 MicroArm Ⅰ 使用了扭矩为 0.105 N·m 的超声电机,火星机械手 MarsArm Ⅱ 使用了三个扭矩为 0.168 N·m 和一个扭矩为 0.111 N·m 的超声电机,它们比使用同等功能的传统电机轻 40%。

　　微特电机的发展呈现以下趋势:

　　机电一体化,从而实现智能化。机电一体化就是将传统电机与电子技术有机结合,实现对速度、位置和转矩等物理量的精确控制;而现代技术的进步又推动了电机的高性能化;随着物联网、大数据等信息技术在新型电机领域的应用,微特电机最终将实现智能化。

　　小型化与微型化。随着信息产品和消费类电子产品向微、轻、薄方向发展,对其配套的电机提出了小型化的要求;而空间技术、国防产品、医疗设备等进一步对电机提出了短、小、薄、低噪声、无电磁干扰等要求。小型化甚至微型化是特种电机发展呈现的又一趋势。

　　大功率化。在工业自动化和交通运输等领域,特种电机呈现大功率化趋势。例如,开关磁阻电机传动系统目前的最大功率已达 5 MW,最大转矩为 10^6 N·m,转速可达 100 000 r/min。

　　非电磁化。随着微特电机应用领域的扩大和应用环境的变化,传统电磁原理电机已不能完全满足要求。用相关学科的新成果,包括新原理、新材料,开发具有非电磁原理的特种电机已成为电机发展的一个重要方向。世界各国都在探索其他新型电机,如静电电机、超声电机、仿生电机、光热电机、形状记忆合金电机和微波电机等。其中,超声电机已在航空航天、机器人、汽车、精密定位仪、微型机械等领域得到成功的应用。

1.2　微特电机系统的信号检测方法

　　目前已经取得广泛应用的两种微特电机——开关磁阻电机和无刷直流电机均为机电一体化的新型电机,其系统构成如图 1-1 所示,主要包括功率变换器/逆变器、电机本体、位置检测器、电流检测器和控制核心等部分,本节主要介绍其位置检测和电流检测方法。

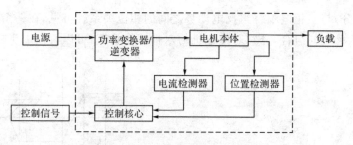

图 1-1　开关磁阻电机和无刷直流电机的系统构成

1.2.1　有位置传感器位置检测方法

常见的位置传感器主要有磁敏式和光电式两种,下面分别进行介绍。

1. 磁敏式位置传感器

磁敏式位置传感器是由装在电机转子上的旋转磁极和固定不动的磁敏元件(开关型霍尔元件,简称霍尔开关)组成的。一种实际的霍尔位置传感器如图 1-2 所示,三个霍尔开关固定不动,在空间依次相差 120°,且与定子三相绕组轴线有固定关系(或重合、或有一特定角度);多极磁环与转子同轴旋转,其极数等于转子极数,磁环的各磁极轴线一般与转子磁极轴线重合。

霍尔开关的应用电路如图 1-3 所示。使用霍尔开关构成位置传感器通常有两种方式:第一种方式如图 1-2 所示将霍尔开关固定在电机的端盖上,此时需要专门增加磁极作为位置传感器的旋转磁极;第二种方式是直接将霍尔开关敷贴在定子电枢铁芯表面或绕组端部紧靠铁芯处,利用电机转子上的永磁体主磁极作为传感器的磁极,根据霍尔开关的输出信号即可判定转子位置。前者既可用于无刷直流电机,也可用于开关磁阻电机,后者只能用于无刷直流电机。

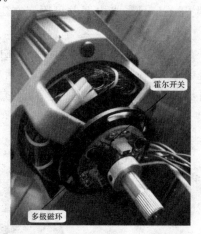

图 1-2　实际的霍尔位置传感器

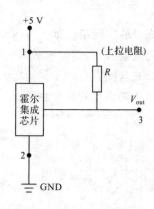

图 1-3　霍尔开关的应用电路

以两相导通星形三相六状态无刷直流电机为例,其霍尔位置传感器与电枢绕组、转子磁极的一种相对位置如图 1-4 所示,三个霍尔开关 H_A、H_B、H_C 分别位于三相绕组各自的中心线上,传感器磁体可以是主磁极磁体数的一半,其极性均为 S 极或 N 极(视霍尔开关的要求而定),并与同极性的主磁极在空间处于对等位置。图 1-5 给出了三个位置传感器的输出信号(图中阴影部分)与三相电枢绕组反电动势之间的相位关系。可见,在一个电周期内,三路位置信号共有六种不同组合,分别对应电机的六种工作状态,可以直接用于控制三相绕组的开关。

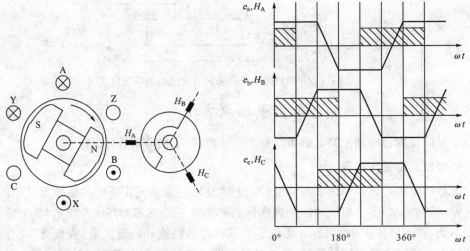

图 1-4　霍尔位置传感器与电枢绕组、转子磁极的　　图 1-5　位置信号和反电动势相位的关系
　　　　相对位置

2. 光电式位置传感器

光电式位置传感器是由装在电机转子上的固定不动的光电开关和遮光盘组成的。光电开关(也叫光断续器)是一种应用最多的光敏式位置元件,其电路原理图如图 1-6 所示。常用光电开关是槽型光电开关,其实际结构如图 1-7 所示。槽型光电开关为 U 形结构,其发射器(发光二极管)和接收器(光敏三极管)分别位于 U 形槽的两侧,并形成一个光轴,当物体经过 U 形槽且阻断光轴时,光电开关就产生开关信号。光电开关可固定在定子上,亦可固定在端盖上。

一种遮光盘的实际结构如图 1-8 所示,一般其齿宽与槽宽相等,且齿槽在圆周均匀分布。在开关磁阻电机中,其齿槽数与转子极槽数相等;在无刷直流电机中,其齿槽数等于转子极对数。遮光盘固定在转子轴上,与电机同步旋转,通过遮光盘,使光敏元件导通和关断,产生包含转子位置信息的脉冲信号。

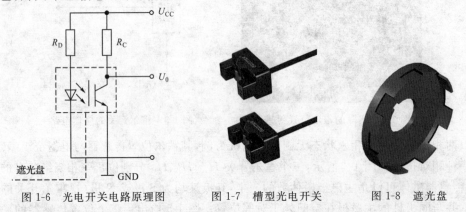

图 1-6　光电开关电路原理图　　　　图 1-7　槽型光电开关　　　　图 1-8　遮光盘

对于 m 相开关磁阻电机或无刷直流电机,光电开关可以有 m 个或 $m/2$ 个(m 为偶数),相邻两个光电开关之间的夹角由下式决定:

$$\Delta\theta = \left(k - \frac{1}{m}\right)\tau_r \quad \text{或} \quad \Delta\theta = \left(k - 1 + \frac{1}{m}\right)\tau_r \quad (k = 1, 2, \cdots) \qquad (1\text{-}1)$$

式中　τ_r——转子的极距角。

式(1-1)同样适用于霍尔传感器,它是确定微特电机控制系统中位置传感器的检测元件个数及其夹角的准则。

1.2.2　无位置传感器位置检测方法

对于无刷直流电机最常见的两相导通星形三相六状态工作方式,除了换相的瞬间之外,在任意时刻,电机总有一相绕组处于断电状态。如图 1-9 所示,当断电相绕组的反电动势过零点之后,再经过 30° 电角度,就是该相的换相点。因此,只要检测到各相绕组反电动势的过零点,就可确定电机的转子位置和下次换流的时间。

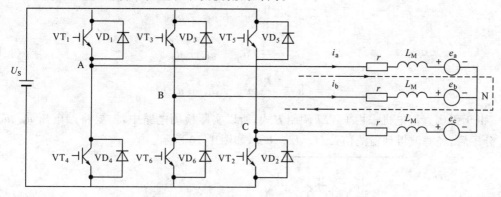

图 1-9　A、B 相导通时的电流回路图

由于反电动势难以直接测取,通常通过检测端电压间接获得反电动势过零点。故这种方法又称为端电压检测法。

反电动势检测法的缺陷是当电机在静止或低速运行时,反电动势为零或太小,因而无法利用。一般采用专门的启动电路,使电机以他控变频方式启动,当电机具有一定的初速度和电动势后,再切换到自控变频状态。这个过程称为三段式启动,包括转子定位、加速和运行状态切换三个阶段。

根据两相导通星形三相六状态无刷直流电机的主电路原理图(图 1-9),可以列出电机三相绕组输出端对直流电源地的电压方程组:

$$\begin{cases} u_{a0} = i_a r + L_M \dfrac{\mathrm{d}i_a}{\mathrm{d}t} + e_a + u_N \\[2mm] u_{b0} = i_b r + L_M \dfrac{\mathrm{d}i_b}{\mathrm{d}t} + e_b + u_N \\[2mm] u_{c0} = i_c r + L_M \dfrac{\mathrm{d}i_c}{\mathrm{d}t} + e_c + u_N \end{cases} \qquad (1\text{-}2)$$

式中　u_{a0}、u_{b0}、u_{c0}——三相绕组输出端对直流电源地的电压;

u_N——三相绕组中性点 N 对电源地的电压。

由于电机的一个通电周期有六种工作状态,且每种状态呈现一定的对称性或重复性,因此我们只需对一个状态进行分析。如图 1-9 所示,设 VT_1 和 VT_6 导通,即 A、B 相通电,C 相关断。则 A、B 两相电流大小相等,方向相反,而 C 相电流为零。

由于 C 相电流为零,则方程组(1-2)中第三式可化简为

$$u_{c0} = e_c + u_N \tag{1-3}$$

由于 $i_a = -i_b$,且在 e_c 过零点处 $e_a + e_b + e_c = 0$,将方程组(1-2)中第一、二式及式(1-3)相加,可得中性点电压为

$$u_N = \frac{1}{3}(u_{a0} + u_{b0} + u_{c0}) \tag{1-4}$$

所以,C 相反电动势过零检测方程为

$$e_c = u_{c0} - u_N = u_{c0} - \frac{1}{3}(u_{a0} + u_{b0} + u_{c0}) \tag{1-5}$$

同理可得 A、B 两相反电动势过零检测方程。则反电动势过零检测方程组为

$$\begin{cases} e_a = u_{a0} - \dfrac{1}{3}(u_{a0} + u_{b0} + u_{c0}) \\[2mm] e_b = u_{b0} - \dfrac{1}{3}(u_{a0} + u_{b0} + u_{c0}) \\[2mm] e_c = u_{c0} - \dfrac{1}{3}(u_{a0} + u_{b0} + u_{c0}) \end{cases} \tag{1-6}$$

由于无刷直流电机采用 PWM 调制方式,所以实际检测电路中,需要将端电压 u_{a0}、u_{b0}、u_{c0} 分压后,经滤波得到检测信号 U_{a0}、U_{b0}、U_{c0},如图 1-10 所示。

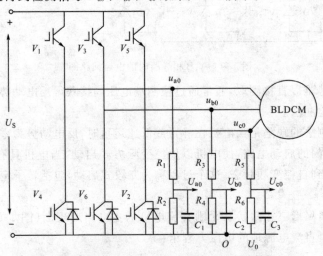

图 1-10　端电压检测电路

反电动势过零点检测电路主要由三个电压比较器和光电隔离与电平转换电路组成,如图 1-11 所示。图 1-11 中,三个 R_5 构成了中性点引出电路,使 $u_N = \frac{1}{3}(u_{a0} + u_{b0} + u_{c0})$;$u_N$ 分别与 u_{a0}、u_{b0}、u_{c0} 进行比较,当 u_{a0}(或 u_{b0}、或 u_{c0})大于 u_N 时,比较器输出为高,光电耦合器不导通,输出高电平;当 u_{a0}(或 u_{b0}、或 u_{c0})小于 u_N 时,比较器输出为低,光电耦合器导通,输出低电平。因此,光电耦合器输出信号的跳变点就是三相反电动势的过零点;反串联稳压管的

作用是保护比较器;快速光电耦合器 4N25 构成了隔离电路,并实现电平转换;图 1-11 中 GND_2 为功率电路的地,与图 1-10 中的 O 点等电位,GND 为控制电路的地。

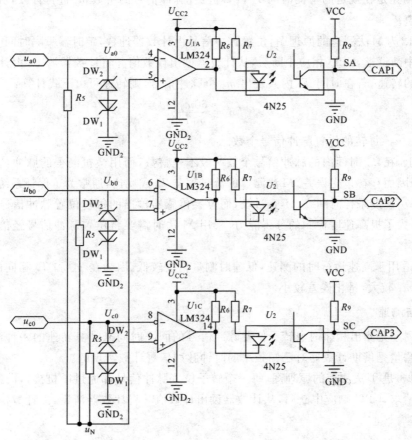

图 1-11 反电动势过零检测电路

1.2.3 速度检测方法

电机调速系统一般采用转速、电流双闭环调节,必须检测实际的电机转速以实现转速调节。对于无刷直流电机和开关磁阻电机,在采用位置传感器检测转子位置时,如电机转速为 $n(r/min)$,一路转子位置信号每周跳变次数为 N_r,则一路转子位置信号的频率 f_p 与转速的关系为

$$f_p = \frac{N_r n}{60} \tag{1-7}$$

可见,转子位置检测信号的频率与电机的转速成正比,将测出的转子位置信号的频率经过转换即可得到转速。由于位置检测输出信号为数字信号,故在数字式控制系统中,转速检测不需要附加其他电路。

数字式测速借助微控制器中的定时/计数器、利用位置脉冲信号的周期和频率来计算转速的大小,具体又分为 M 法、T 法和 M/T 法。

1. M 法测速

M 法测速是在规定的检测时间 T_c 内,对位置脉冲信号的个数 m_1 进行计数,从而得到转速的测量值。

图 1-12 为 M 法测速的原理图,位置脉冲信号由计数器计数,定时器每隔时间 T_c 向 CPU 发出一次中断请求,CPU 相应中断后,从计数器读出计数值并将计数器清零,由计数值即可求出对应的转速。若在时间 T_c 内共发出 m_1 个脉冲信号,则转速可由下式计算:

$$n = \frac{60m_1}{p_N T_c} \tag{1-8}$$

式中 p_N—— 每转的位置脉冲信号个数。

实际上,在 T_c 时间内的脉冲信号个数一般不是整数,而用微机测得的脉冲信号个数只能是整数,因而存在量化误差。M 法测速的分辨率与 T_c 成反比,通常为了保证系统实现稳定的快速反应,速度采样时间 T_c 不宜过长,而位置传感器输出的每转位置脉冲信号个数一般不大,所以为了提高速度检测的分辨能力,采用 M 法时需要将位置脉冲信号经倍频器倍频后再计数。

M 法适用于高速运行时的测速,低速时测量精度较低。因为在 p_N 和 T_c 相同的条件下,高转速时 m_1 较大,量化误差较小。

2. T 法测速

T 法测速是测出相邻两个转子位置脉冲信号的间隔时间来计算转速的一种测速方法,而时间的测量是借助计数器对已知频率的时钟脉冲信号计数实现的。

图 1-13 是 T 法测速的原理图。每一个转子位置脉冲信号都通过微机接口向 CPU 发出一次中断请求,CPU 响应中断后,从计数器读出计数值并将计数器清零,由计数值即可求出对应的转速。

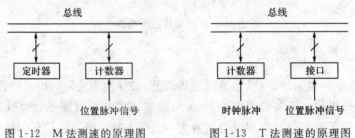

图 1-12　M 法测速的原理图　　　　图 1-13　T 法测速的原理图

设时钟频率为 f,两个位置脉冲信号间的时钟脉冲信号个数为 m_2,则电机转子位置脉冲信号的周期 T 为

$$T = \frac{m_2}{f} \tag{1-9}$$

若电机转子旋转一周,转子位置脉冲信号含有的脉冲信号个数为 p_N,则电机的转速 n 为

$$n = \frac{60}{p_N} = \frac{60f}{p_N m_2} \tag{1-10}$$

由式(1-10)可以看出,T 法测得的转速与时钟脉冲信号计数值 m_2 成反比,转速越高,测得计数值越小,估算误差越大,因此,T 法测速较适合于低速场合。事实上,与 M 法相比,T 法

测速的优点在于:低速段对转速的变化具有较强的分辨能力,从而可提高系统低速运行的控制性能。

采用位置传感器检测转子位置时,由于转子位置脉冲信号较少,因此常采用T法来估算电机的转速。这样电机每转一步就检测出当前转速,实时性好,为电机的快速控制提供了有利条件。但在工程实际中,考虑到机械误差等因素,各相间位置信号跳变沿间隔不能严格相等,因此,即使电机的转速一定时,每次实测转速也不一定相等。为了消除"振荡",往往采用转子转一周测平均转速的方法,这样实时性稍逊,但也可以满足工程应用的精度要求。

3. M/T 法测速

M/T法测速综合了以上两种方法的优点,既可在低速段可靠地测速,又可在高速段具备较高的分辨能力,因此在较宽的转速范围内均有很好的检测精度。如图 1-14 所示,M/T法测速是在稍大于规定时间 T_c 的某一时间 T_d 内,分别对位置脉冲的信号个数 m_1 和高频时钟脉冲个数 m_2 进行计数。于是,求出的转速为

$$n = \frac{60 m_1 f}{p_N m_2} \tag{1-11}$$

T_d 的开始和结束都应当是位置脉冲信号的上升沿,这样就可以保证检测精度。

例如,在以微控制器为控制核心的电机控制系统中,可以用一个 D 触发器作为接口,用图 1-15 所示的电路测速。由微控制器产生一个宽度为 T_c 的脉冲,通过 I/O 口送至 D 触发器的 D 端,触发器的 CP 端则接收位置脉冲信号 SP,$\overline{Q}$ 端输出的脉冲宽度为 T_d,其下降沿和上升沿均与 SP 脉冲的上升沿同步,保证在 T_d 时间内包含整数个 SP 脉冲。$\overline{Q}$ 的输出信号输入捕获单元 CAP1,采用中断方式,应用适当的中断程序得出时间 T_d;SP 信号同时输入 CAP2 口,利用微控制器内部的定时器 / 计数器计数,通过适当的程序算出转速。

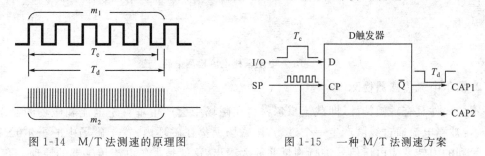

图 1-14　M/T 法测速的原理图　　　　　　图 1-15　一种 M/T 法测速方案

1.2.4　电流检测方法

电机调速控制系统要实现电流斩波控制、主开关过流保护及短路保护,就必须对主电路的电流进行实时检测。有些系统根据采集电流波形直接控制,这更需要检测和提供电流信息。一般是检测绕组相电流或主开关通过的电流,这些电流瞬时变化大、峰值高、波形不规则,因此,要求电流传感器快速性好、灵敏度高、检测频带范围宽,以达到实时控制的目的。同时,被检测的主电路(强电部分)与控制电路(弱电部分)之间应有良好的电气隔离,检测电路应具有一定的抗干扰能力。

电流检测常采用电阻采样和霍尔电流传感器采样两种方法,下面分别进行介绍。

1. 电阻采样检测

电阻采样电路主要由采样电阻、光电隔离器以及信号调理电路构成,采样电阻对相电流采样后经过阻容滤波送入隔离运算放大器进行隔离放大,再经运算放大器组成的差动放大电路将信号的幅值调理到合适的范围,最后送入微控制器的 ADC 口。工业上使用的采样电阻是低电感、电阻温度系数小的分流器,在分流器通过额定电流时其电压为 75 mV。

图 1-16 是一个电阻采样电流检测电路。HCPL7840 隔离运算放大器的典型增益值为 8,输入范围为 $-0.2 \sim +0.2$ V,为将 75 mV 的检测电压放大到 3.3 V(现代微控制器的典型 AD 采样输入范围),由宽频带、低噪声运算放大器 LF356 构成的差动放大电路的放大倍数为 $\dfrac{3.3}{75 \times 10^{-3} \times 8} = 5.5$,实际电路的放大倍数为 $\dfrac{R_{204}}{R_{211}} = \dfrac{R_{213}}{R_{212}} = \dfrac{12}{2.2} = 5.45$,略小于 5.5,使输入到微控制器 ADC 口的电压信号不至于超过允许电压(此处为 3.3 V)。

电阻采样法的优点是检测灵敏度高,缺点是电路元器件较多功耗较高。

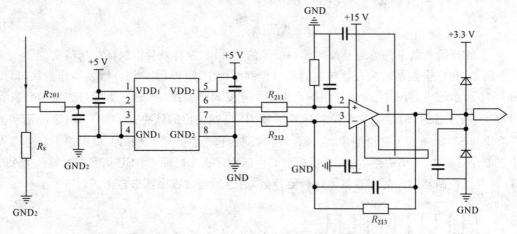

图 1-16   电阻采样电流检测电路

2. 霍尔电流传感器检测

霍尔元件具有磁敏特性,即载流霍尔材料在磁场中会产生垂直于电流和磁场的霍尔电动势。将被测电流通过线圈产生一个磁场,该磁场聚集在磁环内,置于磁场中的霍尔元件将磁场受到的力转变为电压信号进行测量并放大输出,这就是霍尔电流传感器的原理。

磁场平衡式霍尔电流传感器(简称 LEM 模块)是目前常用电流检测元件,其工作原理如图 1-17 所示。LEM 模块的最大优点是借助"磁场补偿"的思想,保持铁芯磁通为零。被测电流 I_L 通过导线(一次侧)产生的磁场,使霍尔元件 HL 感应出霍尔电压 U_H,U_H 经放大器放大后,产生一个补偿电流 i_S,而 i_S 流经 N_S 匝线圈(二次侧)产生的磁场将抵消 I_L 产生的磁场,使 U_H 减小,i_S 愈大,合成磁场愈小,直到穿过霍尔元件的磁场是零为止,这时补偿电流 i_S 便可间接地反映出 I_L 的数值。例如,若设一次侧、二次侧线圈的匝比为 $N_L : N_S = 1 : 1\,000$,因稳定时磁动势平衡,即 $N_L I_L = N_S i_S$,故 $i_S = \dfrac{I_L}{1\,000}$。

测得 i_S 的数值就能间接反映出被测电流 I_L 的大小,i_S 在外接电阻 R_e 上的压降作为相电流的反馈信号,应视系统的要求选定 R_e 的数值。

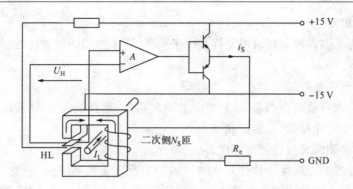

图 1-17　LEM 模块工作原理

LEM 模块通过磁场的补偿,保持铁芯内的磁通为零,致使其尺寸、质量显著减小,使用方便,电流过载能力强,整个传感器已模块化,套在母线上即可工作。现在用这种原理制成的商品已实现系列化,覆盖峰值为 $5 \sim 100\,000$ A,其响应速度可以达到 $1\ \mu s$ 以内。与电阻采样比较,由于 LEM 模块不需要在主电路中串入电阻,所以不产生额外的损耗,而且实现了电气隔离,因此被广泛应用于电机控制系统中。

图 1-18 为采用 LEM 模块构成的开关磁阻电机绕组电流检测电路,LEM 模块需要 ± 15 V 电源供电,可输出双方向电流。实际测量中,可根据具体情况选择合适的测量电阻 R_{01},并通过 R_{128}、R_{129} 构成的分压电路将检测到的电压信号变换到适当的范围。例如,一台开关磁阻电机的最大电流 110 A,选用额定电流为 100 A、匝比为 $1:1\,000$ 的电流传感器模块,则可选 $30\ \Omega/1$ W 的精密电阻为采样电阻,选 $R_{128} = 1\ \mathrm{k\Omega}$、$R_{129} = 18\ \mathrm{k\Omega}$,输入微控制器 ADC 口的最大检测电压为

$$\frac{30 \times 110}{1\,000} \times \frac{18}{18 + 1}\ \mathrm{V} = 3.12\ \mathrm{V}$$

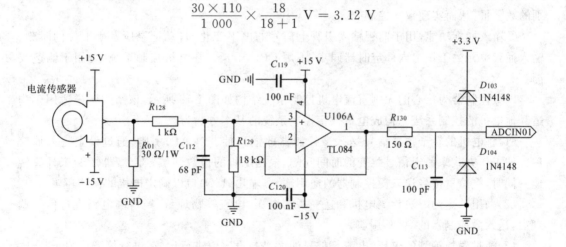

图 1-18　LEM 模块检测电路

1.3　基于微控制器的电机数字控制系统构成

用微控制器取代模拟电路作为电机的控制器有以下优点:

（1）使电路更简单

模拟电路为了实现控制逻辑需要许多电子元件，而采用微处理器后，绝大多数控制逻辑可通过软件实现。

（2）可以实现较复杂的控制

微处理器有大容量的存储单元，有更强的逻辑功能，运算速度快、精度高，因此有能力实现复杂的控制，如优化控制、智能控制等。

（3）提高了控制的灵活性和适应性

微处理器的控制方式是由软件完成的。如果需要改变控制规律，一般不必改变系统的硬件电路，只需修改程序即可。在系统调试和升级时，可以不断尝试，选择最优参数。

（4）无零点漂移，控制精度高

数字控制不会出现模拟电路中经常遇到的零点漂移问题，无论被控量的大或小，都可保证足够的控制精度。

（5）可提供人机界面，多机联网工作

为了适应电机领域机电一体化、智能化发展趋势，众多半导体厂商推出了电机控制用微控制器，如 TI 公司的 TMS320F240x 系列 16 位微控制器、TMS320F28xx 系列 32 位微控制器，Microchip 公司推出的 dsPIC30 系列、dsPIC33 系列 16 位微控制器，Atmel 公司的 ATmega48/88/168 系列 8 位微控制器等，这些微控制器均具备电机控制所必需的特殊功能，包括：

①PWM 发生器，可通过软件编程产生所需的 PWM 调制波，如不同的 PWM 占空比、不同的 PWM 方式等，用于电机的速度控制。

②A/D 转换器，将控制系统中采集的转速、电压和电流等模拟量转换成计算机可以识别的数字量，从而实现数字控制。

③输入捕捉功能，用于监视输入引脚上信号的电平变化，自动记录所发生事件的时刻。输入捕获单元的工作由内部定时器同步，不用 CPU 干预。在电机控制系统中，用于测速或测频。

以微控制器为核心的无刷直流电机控制系统结构如图 1-19 所示，该结构同样适用于构造其他电机的控制系统。构成电机数字控制系统的基本方法为：

（1）将电机的转子位置信号送入微控制器的输入捕获（CAP）引脚，通过设定输入捕获单元的工作方式来测定信号跳变的时间间隔，根据电机的极数和位置传感器（PS）来计算转速。同时，将位置信号送入微控制器的通用输入/输出（I/O）口以确定电机的换相逻辑。

（2）采用一定的方法检测电机和逆变桥的电压、电流等物理量，经检测电路进行信号调理后，送入微控制器的 ADC 引脚。

（3）通过对检测到的电压、电流等信号的大小与设定值进行比较，进行故障检测，判定电机是否为故障状态，然后将判定结果送入微控制器的中断引脚，由微控制器启动软件或硬件保护。

（4）微控制器根据检测到的转速、电流、电压等信号进行相应的调节，通过 PWM 口的输出来控制逆变器功率开关的通断，构成一个数字式闭环控制系统。

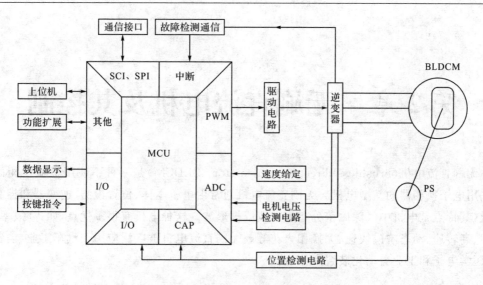

图 1-19　以微控制器为核心的无刷直流电机控制系统结构

　　一个完整的控制系统还需要有人机交互和通信等功能,按键和显示电路可以通过通用输入/输出口实现与微控制器的连接,也可以采用通信模式,具体实现方式可根据所选微控制器的要求而定。

　　大部分微控制器还具有仿真接口,可通过仿真器与上位机连接,进行在线调试、下载程序,使微控制器得以完成控制工作。

第 2 章　无刷直流电机及其控制

无刷直流电机(brushless direct current motor，BLDCM)是一种不使用机械换相而直接采用电子换相器的新型电机。无刷直流电机通常由电机本体、位置检测、逆变器和控制器组成，其特点是电机中气隙磁密分布为方波或梯形波。这种电机有很多优点，如：高效率、低噪声、高转速、动态响应快速、无换相火花等。无刷直流电机被广泛应用于汽车工业、消费电子、医学电子和工业自动化装置和仪表。

2.1　无刷直流电机系统基本概况

2.1.1　无刷直流电机系统组成

目前，电机可以分为两类：直流电机和交流电机。直流电机是最早出现的电机，也是最早实现调速的电机，具有良好的线性调速性能和高质高效平滑运转的特性，控制简单。不过由于电刷和换向器的存在阻碍了它的发展，逐渐被交流电机所取代。交流电机按照转子材料等的不同，可以分为同步电机和异步电机，其中根据感应电动势的不同，同步电机又可以分为永磁同步电机和无刷直流电机，永磁同步电机的感应电动势为正弦波，无刷直流电机的感应电动势为梯形波。

无刷直流电机利用电子换相器件取代了机械电刷和机械换相器，因此不仅保留了直流电机的优点，而且具有交流电机结构简单、运行可靠、维护方便的特点。

无刷直流电机的转子是由永磁材料制成的，具有一定的磁极对数的永磁体。无刷直流电机的转子磁钢呈弧形，产生梯形波感应电动势。

无刷直流电机的工作离不开电子开关电路，因此由电机本体、位置检测器和电子开关电路三部分组成了无刷直流电机的控制系统，其组成如图 2-1 所示。直流电源通过开关电路向电机定子绕组供电，位置检测器随时检测到转子所处的位置，并根据位置信号来控制开关管的导通和截止，从而自动地控制了哪些绕组通电，哪些绕组断电，实现了电子换相。

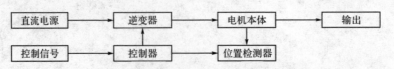

图 2-1　无刷直流电机控制系统组成

应当指出,对于无刷直流电机的组成,还存在另外一种定义。由于无刷直流电机最初是从电子换向取代直流电机的机械换向发展起来的,从广义的电机的角度看,位置检测器和逆变器对应于原直流电机的机械换向器,而控制器与原来直流电机无法对应,因此,人们习惯上将控制器归到广义电机之外,而认为无刷直流电机由电机本体、位置检测器和逆变器三部分组成。

2.1.2　位置检测器

位置检测器的作用是检测转子磁极相对于定子绕组的位置信号,为逆变器提供正确的换相信息。位置检测包括位置传感器检测和无位置传感器检测两种方式。

转子位置传感器由定子和转子两部分组成,其转子与电机本体同轴,以跟踪电机本体转子磁极的位置,其定子固定在电机本体定子或端盖上,以检测和输出转子位置信号。转子位置传感器包括磁敏式、电磁式、光电式、接近开关式、正余弦旋转变压器,以及光电编码器等。

在无刷直流电机系统中安装机械式位置传感器,解决了电机转子位置检测问题。但是机械式位置传感器的存在降低了系统的可靠性,对电机的制造工艺造成困难,增加了系统的成本和体积,限制了无刷直流电机的应用范围,对电机的制造工艺也带来了不利的影响。因此,国内外对无刷直流电机无位置传感器运行方式越来越重视。

无机械式位置传感器通过检测和计算转子位置有关的物理量间接地获得转子的位置信息,主要有反电动势检测法、续流二极管工作状态检测法、定子三次谐波检测法和瞬时电压方程法。

2.1.3　逆变器

逆变器将直流电转换成交流电向电机供电,与一般逆变器不同,它的输出频率不是独立调节的,而是受控于转子位置信号。无刷直流电机输入电流的频率和电机转速始终保持同步,因而电机不会产生震荡和失步,这是无刷直流电机的重要优点。逆变器主要有桥式电路和非桥式电路两种,而电枢绕组既可以接成星形接法也可以接成三角形接法。

图 2-2 给出了几种常见的电枢绕组与逆变器的连接方法。其中图 2-2(a) 和图 2-2(b) 是半桥式主电路,电枢绕组只允许单方向通电,属于半控型主电路。图 2-2(c) 和图 2-2(d) 为桥式主电路,电枢绕组允许双向通电,属于全控型主电路。

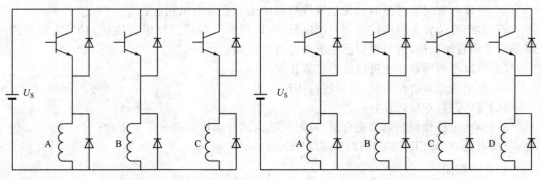

(a)三相半桥式主电路　　　　　　　　　　　　　　　(b)四相半桥式主电路

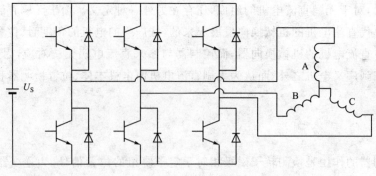

(c)星形连接桥式主电路

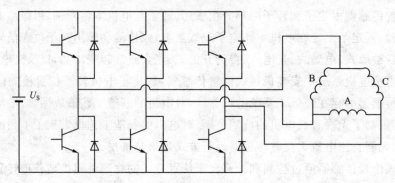

(d)三角形连接桥式主电路

图 2-2　几种常见的电枢绕组与逆变器的连接方法

2.2　无刷直流电机实验装置

本实验的硬件系统是基于合众达电子的 DSP 教学实验平台及三相无刷直流电机的驱动板而展开的,三相无刷直流电机本体采用的是 LINIX 的 90ZWN24-40。

2.2.1　无刷直流电机系统简介

1.控制系统特点

(1)可以与 12~36 V 电机相连,电机额定电流不超过 4 A;

(2)可以与有位置传感器和无位置传感器的无刷直流电机相连;

(3)对于有位置传感器的无刷直流电机,可以根据霍尔传感器进行换相;对于无位置传感器的无刷直流电机,可以根据感应电动势进行换相;

(4)可以与编码器相连进行准确位置控制;

(5)速度检测和电流检测,可以进行闭环控制;

(6)可以进行正反转控制;

(7)驱动电路和控制电路完全隔离,避免驱动部分给控制部分带来干扰;

(8)可以与 SEED-DEC2812、SEED-DEC28335 相连。

2.功能框图

SEED-BLDC 系统主要包含两部分,分别为 SEED-BLDC 的硬件系统(图 2-3)与相应的测试软件。

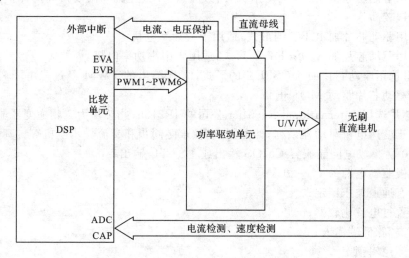

图 2-3　SEED-BLDC 的硬件系统

SEED-BLDC 采用驱动芯片加 MOSFET 的形式,可以将直流母线电压逆变成交流电压来达到对无刷直流电机的控制;SEED-BLDC 须与 SEED-DEC28335 相连,DSP 输出的 PWM 经过隔离送入驱动芯片,后经 MOSFET 来达到对电机的变频调速。

相应的测试软件包括以下几个部分:
(1)有位置传感器无刷直流电机的开环控制;
(2)有位置传感器无刷直流电机的闭环控制,采用 PID 控制;
(3)无位置传感器无刷直流电机的开环控制;
(4)若与实验箱连,与上位机相连的有位置传感器的无刷电机的闭环 PID 控制。

2.2.2　无刷直流电机驱动系统

1.驱动系统开关主电路的设计

开关主电路(图 2-4)主要是将直流母线电压逆变成交流电压来驱动无刷直流电机,由于上、下桥臂功率管导通顺序以及时间的不同,从而使电机准确换向并且能达到变频调速目的。

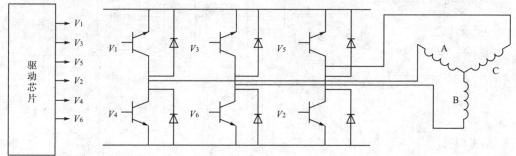

图 2-4　开关主电路的设计

逆变电路由功率开关管 $V_1 \sim V_6$ 等组成,功率开关管可以为功率晶体管 GTR、功率场效应管 MOSFET、绝缘栅极管 IGBT、可关断晶闸管 GTO 等功率电子器件。晶闸管适用于较大功率电机,晶体管适用于中小功率电机。

（1）采用智能功率模块（IPM），本身具有过压、欠压、过流和温度过高的保护功能，但体积较大，价钱较高。

（2）采用驱动芯片加 IGBT 的形式，适用于大功率电机。

（3）采用驱动芯片加 MOSFET 的形式，适用于中小功率电机。

在这里选用驱动芯片加 MOSFET 的形式，DSP 输出的 PWM 经过光电隔离后送入驱动芯片，由驱动芯片驱动 MOSFET。

驱动芯片选用 International Rectifier 公司的 IR2136，此芯片为三相逆变器驱动器集成电路，适用于变速电机驱动器系列，如无刷直流、永磁同步和交流异步电机等。其特点为：

（1）600 V 集成电路能兼容 CMOS 输出或 LSTTL 输出；

（2）门极驱动电源为 10～20 V；

（3）所有通道欠压锁定；

（4）内置过电流比较器；

（5）隔离高/低端输入；

（6）故障逻辑锁定；

（7）可编程故障清除延迟；

（8）具有软开通驱动器。

IR2136 的功能框图与输入/输出时序图分别如图 2-5、图 2-6 所示。其中 $\overline{\text{HIN1}}$、$\overline{\text{HIN2}}$、$\overline{\text{HIN3}}$ 为上桥臂的 3 个输入端，$\overline{\text{LIN1}}$、$\overline{\text{LIN2}}$、LIN3 为下桥臂的 3 个输入端；HO1、HO2、HO3 和 LO1、LO2、LO3 分别为上桥臂和下桥臂的 3 个输出端。其中 $\overline{\text{HIN1}}$、HIN2、HIN3 和 $\overline{\text{LIN1}}$、LIN2、LIN3 都为反向输出。FAULT 表示故障输出，低电平有效。

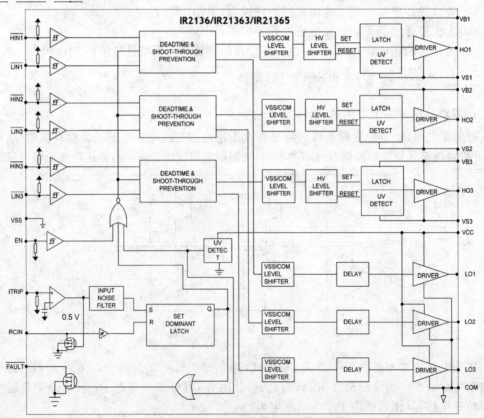

图 2-5　IR2136 的功能框图

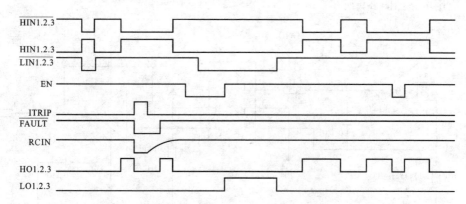

图 2-6　IR2136 输入/输出时序图

IR2136 的典型连接图为图 2-7。

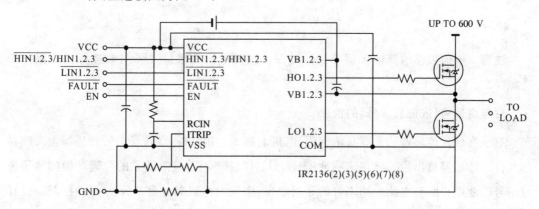

图 2-7　IR2136 的典型连接图

2. 定子电流的检测

实际应用中有时需要进行定子电流的检测,如过流的检测等,可以采用两种方法:

(1)通过检测电流的霍尔传感器,如 LEM 模块;

(2)通过主回路中串采样小电阻的方法。

本系统的电流比较小,选用串采样小电阻的方法。小电阻两端的电压经过有源滤波放大,然后经过隔离后送入模数转换器 AD,通过 AD 采样来获得电流的大小。这里选用线性隔离放大器 HCNR200,具有很好的线性度,信号带宽达到 1 M,其原理如图 2-8 所示。

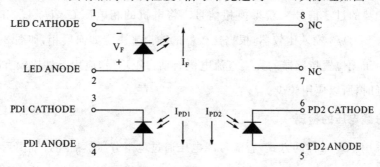

图 2-8　HCNR200 的原理图

其应用电路如图 2-9 所示。

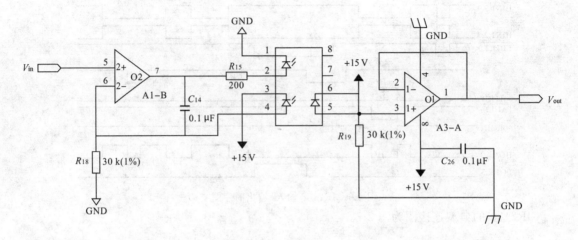

图 2-9　HCNR200 应用电路图

注意　电流采样的具体实现参照原理图。这里电流的采样主要用来进行过流保护等功能。

3. 速度信号(或位置信号)的检测

对于有位置传感器的无刷直流电机,电机上集成霍尔元件,即转子位置传感器上带有霍尔元件。传感器输出为三路高速脉冲信号 H1、H2、H3 用于检测转子的位置。根据转子位置信号改变电机驱动电路中功率管的导通顺序,实现对电机转速和转动方向的控制。设计中,需将传感器的输出信号经过光隔后送入 DSP 的 CAP 单元,根据每个上升或者下降沿后 CAP 口的状态来决定位置和计算速度。对于单极对数的电机,每个机械周期产生六个沿,每两个沿间的时间间隔代表 1/6 个机械周期。

由于传感器的输出信号常常带有一些干扰信号,所以在送入 DSP 的捕获单元时需要将其进行滤波,在这里选用的是反相施密特触发器,如 74LS14,传感器的输出信号经过两次反向后送入 DSP 的捕获单元或外部中断管脚,达到了很好的滤波效果。

对于无位置传感器的无刷直流电机,由于不能直接通过传感器获得换相信号,须通过检测感应电动势的过零信号来获得换相信号。将电机的相电压 U_a、U_b、U_c 和此时的电势 $V_x = (U_a + U_b + U_c)/3$ 输入比较器,根据比较器的输出来决定如何换相,如图 2-10 所示。

注意　由于无位置传感器的无刷直流电机启动力矩不足,应用条件比较有限,并且经过电容滤波后延时,所以应用较少。

4. 直流母线电压的检测

在这里采用 AD 采样的方式,直流母线电压通过电阻分压然后经过隔离后送入 AD,通过 AD 采样就能知道此时母线电压的大小,可以用来进行过压或者欠压的检测等。

5. 各种电源的获得

对于电机的驱动控制,由于驱动部分常常给控制部分带来干扰,这里采用隔离的方式,将这两部分完全隔离,因此至少需要提供两个电源。在这里部分电源由外部电源获得,部分电源经过电源芯片获得,如 TPS5430,可以将输入为 5.5～36 V 的电压转变为 ＋5 V 电压。系统中所需要的 ＋15 V 电源和 －15 V 电源可以将得到的 ＋5 V 电源经过电源芯片 TPS65130 获得。

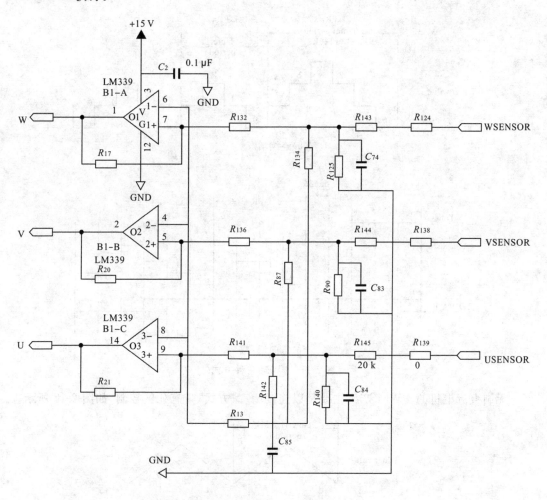

图 2-10　无位置传感器的无刷直流电机过零点检测图

6. PWM 的产生

TMS320F28335 可以产生 12 路 PWM,PWM 的产生是以定时器为时基的。PMW 有三种方式,如图 2-11 所示。

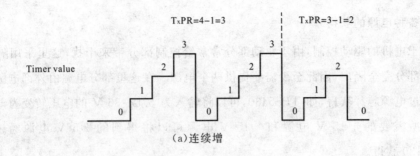

（a）连续增

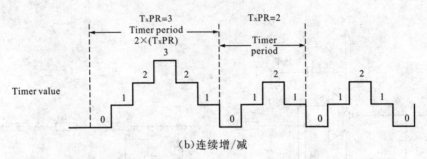

（b）连续增/减

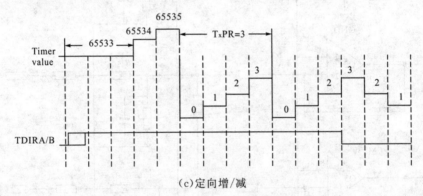

（c）定向增/减

图 2-11   PWM 三种方式

无刷直流电机的 PWM 产生主要是以连续增/减方式，带有死区控制，如图 2-12 所示。

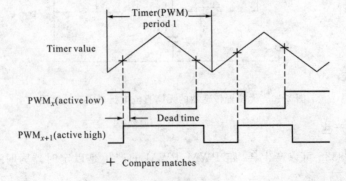

图 2-12   连续增/减方式

可通过改变 PWM 载波频率来改变 PWM 频率,也可根据需要改变 PWM 的占空比及 PWM 输出的极性。可设置死区的大小,通常在 PWM 的周期值时检测电流的大小。

7. 死区的设置

在逆变电路中,为了避免同一桥臂上两个功率器件的同时导通,在设计时往往设置死区。通过硬件设计往往会增加电路的复杂性,在这里与 SEED-DEC28335 相连,可以通过设置 DSP 的死区控制寄存器来避免,具体值由实际情况决定,如功率器件的下降时间和下降时间的延时等。实际中,通常将死区时间设定的比较大,如 2 μs。

2.2.3　无刷直流电机调速

1. 电机闭环调速

理想的无刷直流电机的感应电动势和电磁转矩的公式如下:

$$E = \frac{2}{3}\pi N_p Blr\omega \tag{2-1}$$

$$T_e = \frac{4}{3}\pi N_p Blri_s \tag{2-2}$$

式中　　N_p——通电导体数;

　　　　B——永磁体产生的气隙磁通密度,T;

　　　　l——转子铁芯长度,mm;

　　　　r——转子半径,mm;

　　　　ω——转子的机械角速度,rad/s;

　　　　i_s——定子电流,A。

由式(2-1)与式(2-2)可见,感应电动势与转子转速成正比,电磁转矩与定子电流成正比,因此,无刷直流电机与有刷直流电机一样具有很好的控制性能。

任何电机的调速系统都以转速为给定量,并使电机的转速跟随给定值进行控制。为使系统具有很好的调速性能,通常要构建一个闭环系统。

一般来说,电机的闭环调速系统可以是单闭环系统(速度闭环),也可以是双闭环系统(速度外环和电流内环)。速度调节器的作用是对给定速度与反馈速度之差按一定规律进行运算,并通过运算结果对电机进行调速控制,最终使速度稳定下来。其缺点是需要的时间较长些。电流调节器的作用主要有两个:一个是在启动和大范围加减速时起电流调节和限幅作用;另一个是使系统的抗电源扰动和负载扰动的能力增强。不过对于大多数场合来说,速度闭环就能达到很好的效果,相反双闭环往往增加系统的复杂性和参数选择(如 P、I、D)的难度,如果电流环处理不好,往往给调速带来不利。所以本系统主要是利用速度闭环调速。

2. PID 调节

在电机调速系统中,有不少调节方法,如 PID 调节和模糊控制等。由于 PID 调节简单实用,在实际应用中 90% 采用的这种方法。还有一些控制方法,如模糊控制和神经网络控制,往往是处于模拟仿真阶段,实际应用中很少。

图 2-13 为 PID 控制系统原理图。

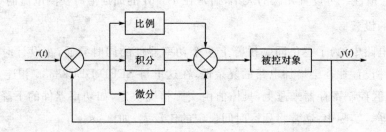

图 2-13　PID 控制系统原理图

$r(t)$ 是系统给定值，$y(t)$ 是系统的实际输出值，给定值与实际输出值构成控制偏差 $e(t)$：

$$e(t) = r(t) - y(t) \tag{2-3}$$

$e(t)$ 作为 PID 调节器的输入，$u(t)$ 作为 PID 调节器的输出和被控对象的输入。在电机闭环控制中，一般采用 PI 调节器。所以模拟 PI 控制器的控制规律为

$$u(t) = K_\mathrm{p}\left(e(t) + \frac{1}{T_\mathrm{i}}\int_0^t e(t)\,\mathrm{d}t\right) + u_0 \tag{2-4}$$

式中　　K_p——比例系数；

　　　　T_i——积分常数。

将式(2-4)离散化得到数字 PI 调节器的算法为

$$u_k = K_\mathrm{p} * e_k + TK_\mathrm{i}\sum e_j + u_0 \tag{2-5}$$

式中　　j——采样序号，$j = 0 \sim k$，$k = 0,1,2$；

　　　　u_k——第 k 次采样时刻的输出值；

　　　　e_k——第 k 次采样时刻输入的偏差值；

　　　　K_i——积分系数，$K_\mathrm{i} = K_\mathrm{p}/T_\mathrm{i}$；

　　　　u_0——开始进行 PI 控制时的原始初值。

将式(2-5)进一步变化，得到

$$u_k = u_{k-1} + K_\mathrm{p}(e_k - e_{k-1}) + TK_\mathrm{i} * e_k \tag{2-6}$$

式中　　u_{k-1}——第 $k-1$ 次采样时刻的输出值；

　　　　e_{k-1}——第 $k-1$ 次采样时刻输入的偏差值。

在有些时候将 TK_i 简称为 K_i，得到

$$u_k = u_{k-1} + K_\mathrm{p}(e_k - e_{k-1}) + K_\mathrm{i} * e_k \tag{2-7}$$

3. PID 参数的意义和选择

PID 三个参数在应用时通常起到不同的作用。

(1) 增大比例系数 P 将加快系统的响应，它的作用在于输出值较快，但不能很好稳定在

一个理想的数值,不良的结果是虽能有效的克服扰动的影响,但有余差出现,过大的比例系数会使系统有比较大的超调,并产生振荡,使稳定性变坏。

(2)积分能在比例的基础上消除余差,它能对稳定后有累积误差的系统进行误差修整,减小稳态误差。

(3)微分具有超前作用,对于具有容量滞后的控制通道,引入微分参与控制,在微分项设置得当的情况下,对于提高系统的动态性能指标,有着显著效果,它可以使系统超调量减小,稳定性提高,动态误差减小。

综上所述,P 为比例控制系统的响应快速性,快速作用于输出;I 为积分控制系统的准确性,消除过去的累积误差;D 为微分控制系统的稳定性,具有超前控制作用。当然,这三个参数的作用不是绝对的,对于一个系统,在进行调节的时候,就是在系统结构允许的情况下,在这三个参数之间权衡调整,达到最佳控制效果,实现稳快准的控制特点。

在系统调节时,可参考以上参数对控制过程的响应趋势,对参数实行先比例、后积分、再微分的整定步骤。

具体做法:

(1)整定比例部分,将比例系数由小变大,并观察相应的系统响应,直至得到反应快、超调小的响应曲线。

(2)如(1)不能满足要求,加入积分环节。如:先设置 K_i 比较小,并将(1)中比例系数缩小(如缩小为原值的 0.8),然后增大 K_i,使得在保持系统良好动态的情况下,静差得到消除,在此过程中,可根据响应曲线的好坏不断改变比例系数和积分时间,从而得到满意的控制过程,得到整定参数。

(3)若使用比例积分控制消除了静差,但动态过程经反复调整仍不能满意,则可加入微分控制。整定时,T_d 先置零,在(2)的基础上增大 T_d,同样相应地改变 K_p、K_i,逐步试凑以获得满意的调节效果和控制参数。

以上是 PID 参数选择的一种方法,实际中应根据不同的系统进行选择。在本系统中,主要采用的是 PI 调节。控制器的输出量还要受一些物理量的极限限制,如电源额定电压、额定电流、占空比最大值和最小值等,因此对输出量还需要检验是否超出极限范围。

对于实验箱,通过 McBsp 总线上位机可以对 PID 参数进行设定,下位机将上位机下传的参数分别除以 1 000 得到实际的 PID 参数。

2.2.4　驱动板及其接口

1.板子外形和物理尺寸

SEED-BLDC 采用两层板工艺,大小为 116.9 mm × 100.7 mm,采用表面贴装元器件,元器件双面安装。SEED-BLDC 模板正面布局如图 2-14 所示。

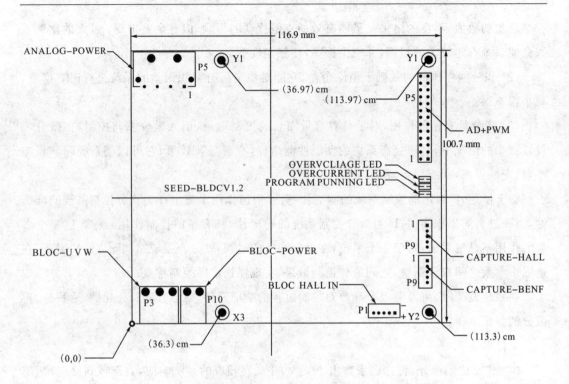

图 2-14   SEED-BLDC 模板正面布局

SEED-BLDC 模板反面布局如图 2-15 所示。

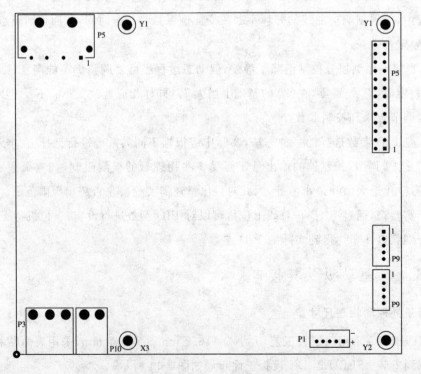

图 2-15   SEED-BLDC 模板反面布局

2. 连接器

SEED-BLDC 模板上有七个连接器,具体功能见表 2-1。

表 2-1　　　　　　　　　　　**SEED-BLDC 连接器及其功能**

连接器	引脚数	功能
P3	3	三相无刷电机 U、V、W
P4	5	有位置传感器电机的霍尔传感器输出端
P5	4	模拟部分电源的输入端
P6	26	电机控制驱动部分接口,包括 PWM 和 AD 等
P8	5	与控制部分 CAP 接口,无位置传感器电机反电动势输出端
P9	5	与控制部分 CAP 接口,有位置传感器的电机霍尔输出端
P10	2	电机的直流母线电压的输入端

(1)P3:三相无刷直流电机 U、V、W

SEED-BLDC 上有一个三孔的凤凰端子,为三相无刷直流电机 U、V、W 的输入端。如图 2-16 所示。

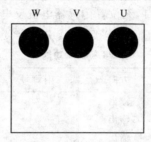

图 2-16　三相无刷电机 U、V、W 的输入端

(2)P4:有位置传感器的电机的霍尔传感器输出端

采用 2 mm 间距、5-芯单排直插式连接器,与有位置传感器的电机的霍尔传感器输出端相连。其定义见表 2-2。

表 2-2　　　　　　　　　　　**P4 各引脚功能**

引脚号	信号	方向	引脚号	信号	方向
1	＋5 V 电源	输出	4	HALL3	输入
2	HALL1	输入	5	DGND	—
3	HALL2	输入			

(3)P5:模拟部分电源的输入端

SEED-BLDC 上有一个 4 针的插座,用于模拟部分电源的输入端,其定义见表 2-3。

表 2-3　　　　　　　　　　　**P5 各引脚功能**

引脚号	信号	方向	引脚号	信号	方向
1	＋15 V 电源	输入	3	GND	—
2	－15 V 电源	输入	4	＋5 V 电源	输入

(4)P6:电机控制驱动部分接口

电机控制驱动部分接口采用 2.54 mm 间距、26-芯双排直插式连接器,其引脚定义见表 2-4。

表 2-4   电机控制驱动部分接口引脚定义

引脚号	信号	方向	引脚号	信号	方向
1	PWM1	输入	14	—	—
2	PWM2	输入	15	—	—
3	PWM3	输入	16	GND	—
4	PWM4	输入	17	GND	—
5	PWM5	输入	18	GND	—
6	PWM6	输入	19	—	—
7	—	—	20		
8	—	—	21		
9	PDPINTA	输出	22		
10	—	—	23		
11	LED1	输出	24		
12	LED2	输出	25	AD1	输出
13	LED3	输出	26	AD0	输出

(5)P8：与控制部分 CAP 接口，无位置传感器电机反电动势输出端

采用 2 mm 间距、5-芯单排直插式连接器，其引脚定义见表 2-5。

表 2-5   P8 各引脚功能

引脚号	信号	方向	引脚号	信号	方向
1	+5 V 电源	输出	4	CAP3	输出
2	CAP1	输出	5	DGND	—
3	CAP2	输出			

(6)P9：与控制部分 CAP 接口，有位置传感器电机霍尔输出端

表 2-6   P9 各引脚功能

引脚号	信号	方向	引脚号	信号	方向
1	+5 V 电源	输出	4	CAP6	输出
2	CAP4	输出	5	DGND	—
3	CAP5	输出			

(7)P10：电机的直流母线电压的输入端

SEED-BLDC 上有一个两孔的凤凰端子，为三相无刷直流电机直流母线电压的输入端，如图 2-17 所示。

图 2-17   直流母线电压的输入端

3. LED 指示灯

在 SEED-BLDC 系统中共有五个指示灯,分别为 D12、D13、D14、D15、D16,其具体功能见表 2-7。

表 2-7　　　　　　　　　　　　　　　　　　LED 指示灯功能

标号	功能	标号	功能
D12	过流或过压指示	D15	模拟电源＋5 V 的输入显示
D13	程序运行显示	D16	功率部分电源＋5 V 的显示
D14	保留		

2.3　有位置传感器无刷直流电机的闭环控制

【实验目的】

(1) 掌握无刷直流电机有位置传感器控制方法。

(2) 掌握无刷直流电机闭环调速方法。

(3) 了解无刷直流电机位置传感器的工作原理。

(4) 掌握源程序的编写、修改过程。

【预习要点】

(1) 无刷直流电机中常用的位置传感器有哪些?各有什么特点?

(2) 无刷直流电机的霍尔传感器在位置上如何布置?请画出三个霍尔传感器输出波形相位关系并在图中标出换相位置。

【实验项目】

(1) 无刷直流电机源程序代码注释及完善。

(2) 无刷直流电机位置传感器与通电逻辑确定。

(3) 速度单闭环 PID 控制算法研究。

【实验设备及仪器】

(1) SEED-DTK 系列 DSP 教学实验平台。

(2) 合众达电子三相无刷直流电机的驱动模板。

(3) 无刷直流电机本体:LINIX 的 90ZWN24-40。

【实验说明及操作步骤】

1. 实验程序

(1) motor.c:实验的主程序。

(2) motorcontrl.c:电机控制程序。

(3) Gpio.c GPIO 接口设置。

(4) Epwm.c PWM 信号初始化。

(5) ＊.cmd 声明了系统的存储器配置与程序各段的连接关系。

2. 实验准备

首先将目录 bldc_dec28335 整体拷贝到 D 盘根目录下。

3. 实验步骤

(1) 双击 CCStudio V3.3 图标进入 CCS 环境。

(2) 打开 D:\bldc_dec28335\DSP2833x_example\bldc-sensor-close\BLDC.PJT 工程文件。

(3) 展开 Source 目录,此时可以看到工程下的源文件。

4. 实验内容

(1) 掌握与熟悉实验源程序

① 仔细阅读源程序,掌握各个程序功能,完成程序流程图绘制工作。

② 对主程序 motor.c,电机通电控制程序 motorcontrl.c 进行注释说明。

③ 对初始化程序 epwm.c、Gpio.c、ad.c 进行功能说明。

(2) 无刷直流电机通电逻辑关系确定

注意 在下面的实验准备过程中,不要给 DSP 实验箱及无刷直流电机控制板上电!以免损坏 DSP 实验仪器!

① 将 P3 和三相无刷直流电机的 U(白色)、V(蓝色)、W(绿色) 连接,此顺序不能接错;将电机的霍尔传感器输出(白色 5 孔插头)与 SEED-BLDC 的 P4 相连。

②P10 与 +24 V 的外接电源相连,注意电源的极性,不可接错!

③P5 和实验箱上的电源接口相连。

④P6 和 DEC28335 的相连(将 J1 原来的插排线小心拔掉),注意正确连接,勿接反;P9 和 DEC28335 的 J4 相连。

⑤ 将 DSP 实验箱上电观察无刷直流电机控制板右下角 D15 指示灯是否点亮,否则断电检查系统。

⑥ 在 CCS 中用 Debug → Connect 连接,File → Load Program… 命令,加载 closeloop 目录下的 bldc.out。

⑦ 在 CCS 中将 motorcontrl.c 文件中的端口 GpioDataRegs.GPBDAT.bit.GPIO50、GpioDataRegs.GPBDAT.bit.GPIO51、GpioDataRegs.GPBDAT.bit.GPIO53 加入 watch window 窗口中,以便观察。

具体做法:例如将 GpioDataRegs.GPBDAT.bit.GPIO50 加入 watch window 窗口中,首先将 GpioDataRegs.GPBDAT.bit.GPIO50 选中,右击 add to watch window 即可。同理将端口 GpioDataRegs.GPBDAT.bit.GPIO51、GpioDataRegs.GPBDAT.bit.GPIO53 加入 watch window 窗口中。

⑧ 在 CCS 中选中 Debug → Real time Mode 项,再在下面出现的 watch window 窗口中右击 Continuous Refresh 项,就可以实时观察变量的变化情况了。此时转动电机轴即可观察到窗口中变量的变化情况,完成无刷直流电机通电顺序逻辑表格(表 2-8 及表 2-9)。

表 2-8		顺时针通电逻辑(对着电机轴由上向下看)				
端口状态	1	2	3	4	5	6
GPIO50						
GPIO51						
GPIO53						

表 2-9		逆时针通电逻辑(对着电机轴由上向下看)				
端口状态	1	2	3	4	5	6
GPIO50						
GPIO51						
GPIO53						

做完此步实验后关闭 Debug → Real time Mode 项和 Continuous Refresh 项。

（3）无刷直流电机调速及 PID 控制

① 将开关电源通电观察无刷直流电机控制板中间靠上 D16 指示灯是否点亮，否则断电检查系统。

② 在 CCS 中用 Debug → Go Main 命令执行到 C 的 main() 函数处；

③ 按图 2-18 设定断点，按 F5 键运行，电机便旋转起来，待电机自动停止转动后，通过观察变量 Speed 的值，可以知道此时速度的值；通过观察数组 test[] 的值，可以知道过去一段时间内速度的值；当需要记录电机转速时，可以记录稳定运行后 test 数组的值。

④ 在 CCS 中用 View → Graph → Time/Frequency··· 命令，按图 2-18 进行设置，单击"OK"按钮后即可观察到电机从启动到稳定转速过程中速度的变化曲线，如图 2-19 所示。

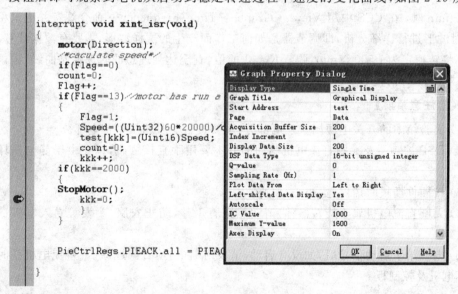

图 2-18　Time/Frequency 设置窗口

⑤ 通过改变参数 K_p、K_i、K_d 的值，重新编译、下载运行后，按上一步重新观察图形，便可以得到不同参数下速度的变化曲线。

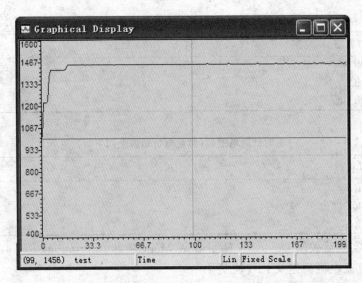

图 2-19 电流速度变化曲线

注意 本实验不用改变 K_d 值，即没有微分环节，只需要微调 K_p、K_i 值即可，例如 $K_p = 0.003$，可以改为 $K_p = 0.003\ 2$，K_i 值类似微调，切忌大范围改变 K_p、K_i 值，以免超过控制板电流、电压额定值，烧毁仪器!具体做法如果有静差则微调 K_i 值，如果超调或跟踪速度慢可以微调 K_p 值，两个参数慢慢调节直至达到最佳控制效果。

⑥ 程序运行过程中，灯 D13 闪烁，表示程序在运行;如果灯 D12 点亮，表明有过压或过流现象出现。

在 $K_p = 0.003$，$K_i = 0.02$ 的前提下，改变转速分别为 1 000 r/mn、1 500 r/min、2 000 r/min 时，在 CCS 中用 View → Graph → Time/Frequency… 命令观察并记录相应波形，并对波形进行详细分析，即调节器是如何工作而产生的这样波形，需要有数据计算。

⑦ 将转速定为 1 500 r/min，调节 K_p、K_i 的值，直至达到理想的转速控制曲线，记录波形及调节器 K_p、K_i 的值。

【实验注意事项】

（1）实验箱中的开关电源属于强电部分，不要接触实验箱子中带电部分。

（2）DSP 控制器及无刷直流电机驱动部分不要用手直接触碰，以免由于静电损坏集成芯片。

（3）接插件插拔时请停电、小心、耐心。

（4）无刷直流电机属于旋转器件，请注意穿着工整，防止衣服、头发等卷入电机造成人身事故。

（5）电机给了启动信号后，如没有启动，请及时断电，检查问题原因。避免电机长时间堵转损坏电机及控制板。

【思考题】

（1）分析无刷直流电机利用位置传感器进行反转控制的原理。

（2）位置传感器在无刷直流电机中起什么作用?如果电机转子是 2 对极，如何设计位置传感器结构?

【实验收获与建议】

请同学们根据实验中遇到的相关问题,总结自己的收获,提出自己的建议,以便我们在教学中持续改进。

2.4　无位置传感器无刷直流电机的开环控制

【实验目的】

(1) 掌握无刷直流电机无位置传感器控制方法。

(2) 掌握无刷直流电机无位置传感器开环调速方法。

(3) 掌握无位置传感器无刷直流电机的启动方法。

【预习要点】

(1) 简述无位置传感器无刷直流电机控制系统中转子位置的检测常用方法及基本原理。

(2) 无位置传感器无刷直流电机控制的优缺点是什么?

(3) 根据"反电动势法"换相的无位置传感器,电机在初始位置时静止,此时的反电动势为零,如何解决电机的初始定位问题?

【实验项目】

(1) 查阅相关资料,阅读 motor. c 和 motorcontrl. c 程序,详细说明程序的功能。

(2) 完成无刷直流电机无位置传感器开环调速研究。

【实验设备及仪器】

(1) SEED-DTK 系列 DSP 教学实验平台。

(2) 合众达电子三相无刷直流电机的驱动模板。

(3) 无刷直流电机本体:LINIX 的 90ZWN24-40。

【实验说明及操作步骤】

1. 实验程序

(1) motor. c:实验的主程序。

(2) motorcontrl. c:电机控制程序。

(3) Gpio. c GPIO 接口设置。

(4) Epwm. c PWM 信号初始化。

(5) *. cmd 声明了系统的存储器配置与程序各段的连接关系。

2. 实验准备

首先将目录 bldc_dec28335 整体拷贝到 D 盘根目录下。

(1) 将 DSP 仿真器与计算机连接好;

(2) 将 DSP 仿真器的 JTAG 插头与 SEED-DEC28335 单元的 J18 相连接;

(3) 打开 SEED-DEC28335 的电源。观察 SEED-DTK_MBoard 单元的+5 V、+3.3 V、

＋15 V、－15 V 的电源指示灯以及 SEED-DEC28335 的电源指示灯 D2 是否均亮；若有不亮的，请断开电源，检查电源。

3. 实验步骤

(1) 双击 CCStudio v3.3 图标，进入 CCS 环境。

(2) 打开 D:\bldc_dec28335\DSP2833x_example\bldc-nosensor\BLDC.PJT 工程文件。

(3) 展开 Source 目录，此时可以看到工程下的源文件。

4. 实验内容

(1) 掌握与熟悉实验源程序

① 对主程序 motor.c，电机通电控制程序 motorcontrl.c 进行功能说明。

② 完成无刷直流电机无位置传感器速度波形输出。

SEED-BLDC 模板也支持无位置传感器无刷直流电机的开环控制。测试过程如下：

① 将 P3 和三相无刷电机的 U、V、W 连接。

② P10 与 ＋24 V 的外接电源相连。

③ P5 和外接的开关电源相连或者和实验箱上的电源接口相连。

④ P6 和 DEC28335 的 J1 相连，注意正确连接，勿接反；P8 和 DEC28335 的 J4 相连。

⑤ 上电观察 D15 和 D16 指示灯是否点亮，否则断电检查系统。

⑥ 将 bldc_dec28335 目录拷贝到 D 盘。

⑦ 打开 CCS，在 CCS 中用 Project → Open… 命令，加载 bldc_dec28335\DSP2833x_examples\bldc-nosensor 目录下的 BLDC.PJT。

⑧ 在 CCS 中用 File → Load GEL… 命令，加载 bldc-nosensor 目录下的 f28335.gel。

⑨ 在 CCS 中用 File → Load Program… 命令，加载 bldc-nosensor 目录下的 bldc.out。

⑩ 在 CCS 中用 Debug → Go Main 命令执行到 C 的 main() 函数处。

⑪ 按 F5 运行，电机变以一定的速度旋转起来，通过观察变量 Speed 的值，可以知道此时速度的值；通过观察数组 test[] 的值，可以知道过去一段时间内速度的值；按照图 2-20 进行设置，观察速度波形的变化情况，如图 2-21 所示。

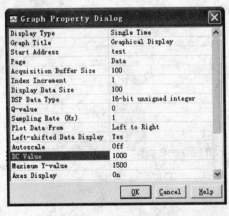

图 2-20　图形对话框设置

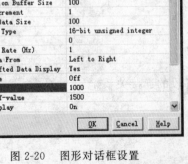

图 2-21　速度曲线

⑫ 程序运行过程中，灯 D13 闪烁，表示程序在运行；如果灯 D12 点亮，表明有过压或过流现象出现。

【实验注意事项】

（1）实验箱中的开关电源属于强电部分，不要接触实验箱子中带电部分。

（2）DSP 控制器及无刷直流电机驱动部分不要用手直接触碰，以免由于静电损坏集成芯片。

（3）接插件插拔时请断电、小心、耐心。

（4）无刷直流电机属于旋转器件，请注意穿着工整，防止衣服、头发等卷入电机造成人身事故。

（5）电机给了启动信号后，如没有启动，请及时断电，检查问题原因。避免电机长时间堵转损坏电机及控制板。

【思考题】

对无位置传感器的无刷直流电机过零点检测图（图 2-22）工作原理进行分析。

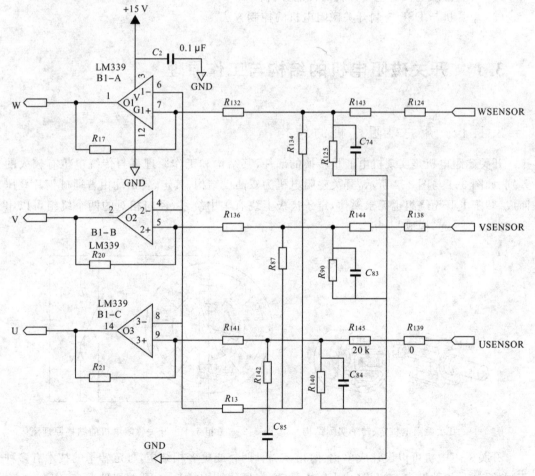

图 2-22　无位置传感器的无刷直流电机过零点检测图

【实验收获与建议】

请同学们根据实验中遇到的相关问题，总结自己的收获，提出自己的建议，以便我们在教学中持续改进。

第3章 开关磁阻电机及其控制实验

开关磁阻电机是一种新型的机电一体化系统,主要由开关磁阻电机、功率变化器、控制器和检测器四部分组成。它既可以作为电机,也可作为发电机,目前大部分研究集中于开关磁阻电机。通过本章实验应当掌握如下内容:

(1) 开关磁阻电机的结构、工作原理、特点及控制方式;

(2) 开关磁阻电机的基本方程与性能分析;

(3) 单片机与 DSP 控制开关磁阻电机的控制方法。

3.1 开关磁阻电机的结构与工作原理

3.1.1 开关磁阻电机的结构

开关磁阻电机是实现机电能量转换的部件,其结构和工作原理都与传统电机有较大的差别。如图 3-1 与图 3-2 所示,开关磁阻电机为双凸极结构,其定、转子均由普通硅钢片叠压而成。转子上既无绕组也无永磁体,定子齿极上绕有集中绕组,径向相对的两个绕组可以串联或并联在一起,构成"一相"。

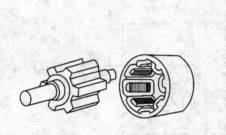 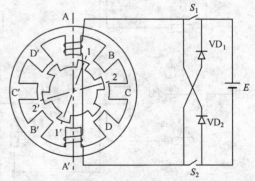

图 3-1 开关磁阻电机定、转子实际结构   图 3-2 三相 6/4 极开关磁阻电机的结构原理图

开关磁阻电机可以设计成单相、两相、三相、四相或更多相结构,且定转子的技术有多种不同的搭配。相数增多,有利于减小转矩脉动,但导致结构复杂、主开关器件增多、成本增高。目前应用较多的是三相 6/4 极结构、三相 12/8 极结构和四相 8/6 极结构。

3.1.2　开关磁阻电机的工作原理

开关磁阻电机的运行遵循"磁阻最小原理"，即磁通总是沿着磁阻最小的路径闭合。当定子某相绕组通电时，所产生的磁场由于磁力线扭曲而产生切向磁拉力，试图使相近的转子极旋转到其轴线与该定子极轴线对齐的位置，即磁阻最小位置。

开关磁阻电机的转动方向总是逆着磁场轴线的移动方向。改变定子绕组的通电顺序，即可改变电机的转向；而改变通电相电流的方向，并不影响转子转动的转向。

对于 m 相的开关磁阻电机，如定子齿极数为 N_s，转子齿极数为 N_r，转子极距角（简称转子极距）为

$$\tau_r = \frac{2\pi}{N_r} \tag{3-1}$$

将每相绕组通电、断电一次转子转过的角度定义为步距角，其值为

$$\alpha_p = \frac{\tau_r}{m} = \frac{2\pi}{mN_r} \tag{3-2}$$

转子旋转一周转过 $360°$（或 2π 弧度），故每转步数为

$$N_p = \frac{2\pi}{\alpha_p} = mN_r \tag{3-3}$$

由于转子旋转一周，定子 m 相绕组需要轮流通电 N_r 次，因此，开关磁阻电机的转速 n 与每相绕组的通电频率 f_φ 之间的关系为

$$n = \frac{60f_\varphi}{N_r} \tag{3-4}$$

而功率变化器的开关频率为

$$f_c = mf_\varphi = mN_r \frac{n}{60} \tag{3-5}$$

3.1.3　开关磁阻电机传动系统的特点

开关磁阻电机传动系统的主要优点如下：

（1）电机结构简单，成本低，适用于高速运行。开关磁阻电机的突出优点是转子上没有任何形式的绕组，而定子上只有简单的集中绕组，因此绝缘结构简单，制造简便，成本低，并且大部分发热在定子，易于冷却；转子的机械强度高，电机可高速运转而不至变形；转子转动惯量小，易于实现加、减速。

（2）功率电路简单可靠。因为电机转矩方向与绕组电流方向无关，即只需单方向绕组电流，故功率电路可以做到每相一个功率开关，电路结构简单。另外，系统每个功率开关器件均直接与电机绕组相串联，避免了直通短路现象。

（3）效率高，功耗小。开关磁阻电机传动系统在宽广的转速和功率范围内具有高输出和高效率的特点。这是因为：一方面，电机转子不存在绕组铜耗；另一方面，电机可控参数多，灵活方便，易于在宽转速范围和不同负载下实现高效优化控制。

（4）高启动转矩，低启动电流，适用于频率起停和正反转速运行。从电源侧吸收较少的电流，在电机侧得到较大的启动转矩是开关磁阻电机传动系统的一大特点。典型产品的数据是：当启动转矩达到额定转矩的 1.4 倍时，启动电流只有额定电流的 40%。

（5）可控参数多，调速性能好。可控参数多，意味着控制灵活方便，可以根据运行要求和电机的实际情况采用不同的控制方法，使电机运行于最佳状态，还可以使电机在特定的特性曲线上运行，从而实现各种不同的功能。

开关磁阻电机传动系统也存在一些不足：

（1）存在转矩脉动。开关磁阻电机转子上产生的转矩是由一系列脉冲转矩叠加而成的，且由于双凸极结构和磁路饱和的影响，合成转矩不是一个恒定值，而是存在一定的谐波分量，使电机低速运行时转矩脉动较大。

（2）振动和噪声比一般电机大。

（3）出线较多，且相数越多，主接线数越多；此外，还有位置传感器的出线。

3.1.4　开关磁阻电机的应用

开关磁阻电机传动系统兼有直流传动和普通交流传动的优点，在各种需要调速和高效率的场合，均能提供所需的性能要求。目前已成功应用于电动车、航空工业、家用电器、机械传动、精密伺服系统等领域。

（1）电动车

开关磁阻电机传动系统可靠性高、效率高、启动转矩大、启动电流小，首先在电动车领域得到应用，被认为是电动车驱动的最佳选择之一。

英国 SRD 公司研制的 30 kW 开关磁阻电机传动系统用于驱动室内有轨电车，电车在重盐大气环境等各种恶劣条件下运行了两年，行程超过 24 000 km，表现出优良的工作性能，被认为是同类电动车中操纵最方便、噪声最低的车辆。英国 Jeffrey Diamond 公司的刨煤电动车，滚齿刨煤机质量达 10～30 t，且要求整个传动和传输系统能精确控制和经久耐用。过去采用传统系统经常发生故障，改用开关磁阻电机传动系统后得到了根本的改善。中国纺织机械研究所研制的 180 kW 开关磁阻电机传动系统已经成功应用于地铁轻轨车的驱动。

（2）航空工业

根据国防部"未来先进控制技术规划"及美国空军资助，美国通用公司从电源系统的可靠性、可维护性、余度性、容错性、环境适应性及容量、效率、功率密度等方面论证了开关磁阻电机独特的优越性。1989 年，通用公司研制了发电功率为 30 kW 并用于启动 1 700 hp、4 800 r/min 飞机发动机的开关磁阻电机启动／发电机系统，其指标为：0～9 000 r/min 恒转矩 13 N·m 启动，9 000～26 000 r/min 恒功率 12.5 kW 加速启动，26 000～48 000 r/min 恒电压 270 VDC、30 kW 发电。同年，美国空军 USAF 与通用公司、Sundstrand 公司签订 1990～1995 年合同，针对现役 F-16 战斗机，研制"可靠性高、内装式、三余度启动／发电机计划"。其技术指标为：0～13 400 r/min 恒转矩 177 N·m 启动，13 400～26 000 r/min 恒电压 270 VDC、3×125 kW 发电，系统效率为 90%，功率／质量比为 2.5 kW/kg。1993 年完成方案设计，1994 年完成样机制造和实验，1995～1998 年已作为发动机装入 F-16 战斗机进行飞行实验。

（3）家用电器

英国 SRD 公司已生产出洗衣机用开关磁阻电机控制系统，功率为 700 W，电机与控制器总价为 15.7 英镑。该公司还生产食品加工机械、电动工具、吸尘器等小型设备用的开关磁阻电机控制系统。

国内小功率的开关磁阻电机控制系统也在服装机械、食品机械、印刷烘干机、空调器生产线等传送机构上应用。

（4）机械传动

开关磁阻电机良好的启动性能使它特别适合于需要启动转矩大、低速性能好、频繁正反转的场合，如在龙门刨床、平网印花机、可逆轧机等机械传动中都取得了良好的效果。

开关磁阻电机还适用于高速传动系统，恶劣环境中的生产机械传动等。国内生产的用于吸尘泵、离心干燥机等装置的专用高速开关磁阻电机的转速最高可达 30 000 r/min。

（5）精密伺服系统

作为机电一体化产品，开关磁阻电机传动系统有优良的控制性能，可以在许多需要伺服性能的精密传动机构中开发应用。如在电缆、纺织行业做恒线速度或恒张力传动，在具有高精度控制性能的计算机控制工业缝纫机中做伺服传动，都有较为成功的应用。

3.1.5　开关磁阻电机的研究动向

目前，开关磁阻电机传动系统的研究主要涉及以下五个方面：

（1）开关磁阻电机控制系统的优化

开关磁阻电机传动系统是由开关磁阻电机及其控制装置构成的不可分割的整体，因此，在设计时必须从系统的观点出发，对电机模型和控制系统综合考虑，进行全局优化。

（2）无位置传感器开关磁阻电机传动系统的研制

位置闭环控制是开关磁珠电机的基本特征，但是位置传感器的存在不但使电机的结构变得复杂，而且降低了可靠性。为此，探索实用的无位置传感器控制器方案成为引人注目的课题。

（3）新型控制技术的应用

高性能 DSP 和专用集成电路（ASIC）的应用，为开关磁阻电机传动系统的高性能提供了可靠的硬件保证。因此，研究具有高动态性能，算法简单，能抑制参数变化、扰动及各种不确定性干扰的开关磁阻电机传动系统控制技术成为近年来的重要方向。

（4）振动和噪声的研究

由于开关磁阻电机传动系统是脉冲供电的工作方式，瞬时转矩脉动大，低速时步进状态明显，振动噪声大，这些缺点限制了其在某些场合的应用，例如伺服驱动这类要求低速运行平稳且有一定静态转矩保持能力的场合。因此，研究开关磁阻电机的电磁力及振动噪声特征成为改进系统特性的重要课题之一。

（5）铁损耗分析与效率研究

开关磁阻电机传动系统堪称高效率调速系统，但开关磁阻电机的铁损耗计算是难度较大的课题，因为电机本身双凸极结构使得磁路局部饱和严重，且供电波形复杂，这与电机步进运行状态等因素有关。开关磁阻电机的铁损耗常常是影响效率的主要方面，尤其在斩波工作状态及高速运行时，铁损耗是十分严重的。铁损耗分析的目的是建立准确、实用的铁损耗计算模型并进行分析、测试，从而从电机、电路结构和控制方案着手，研究减少损耗、提高效率的措施。

3.2 开关磁阻电机的基本方程与性能分析

开关磁阻电机的工作原理和结构都比较简单,但由于电机的双凸极结构和磁路的饱和、涡流与磁滞效应所产生的非线性,加上电机运行期间的开关性和可控性,使得电机的各个物理量随转子位置周期性变化,定子绕组的电流和磁通波形极不规则,难以简单地使用传统电机的分析方法进行解析计算。

不过,开关磁阻电机内部的电磁过程仍然建立在电磁感应定律、全电流定律等基本的电磁定律之上,由此可以写出开关磁阻电机的基本方程式。但基本方程式的求解是一项比较困难的工作。

对于开关磁阻电机基本方程的求解有线性模型、准线性模型和非线性模型三种方法。线性模型法是在一系列简化条件下导出的电机转矩与电流的解析计算式,虽然精度较低,但可以通过解析式了解电机工作的基本特征和各参数之间的相互关系,并可作为深入讨论各种控制方法的依据,故本节只介绍线性模型方法。

3.2.1 开关磁阻电机的基本方程

对于 m 相开关磁阻电机,如忽略铁芯损耗,并假设各相结构和参数对称,则可视为具有 m 对电端口(m 相)和一对机械端口的机电装置,如图 3-3 所示。

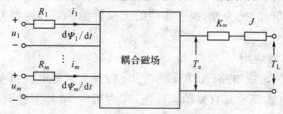

图 3-3 m 相开关磁阻电机系统示意图

1. 电压方程

根据电路的基本定律,可以写出开关磁阻电机第 k 相的电压平衡方程:

$$u_k = R_k i_k + \frac{\mathrm{d}\Psi_k}{\mathrm{d}t} \tag{3-6}$$

式中　　u_k——第 k 相绕组的端电压;

$\quad\quad\ i_k$——第 k 相绕组的电流;

$\quad\quad R_k$——第 k 相绕组的电阻;

$\quad\quad \Psi_k$——第 k 相绕组的磁链。

2. 磁链方程

各相绕组的磁链为该相电流与自感、其余各相电流与互感以及转子位置角的函数,但由于开关磁阻电机各相之间的互感对于自感来说很小,故忽略互感。因此磁链方程为

$$\Psi_k = L_k(\theta_k, i_k)i_k \tag{3-7}$$

应当注意,每相电感 L_k 是相电流 i_k 和转子位置角 θ_k 的函数,电感之所以与电流有关,是

因为开关磁阻电机磁路是非线性的缘故,而电感位置角变化正是开关磁阻电机的特点,是产生转矩的先决条件。

将式(3-7)带入式(3-6)中得

$$u_k = R_k i_k + \frac{\partial \Psi_k}{\partial i_k} \frac{\mathrm{d}i_k}{\mathrm{d}t} + \frac{\partial \Psi_k}{\partial \theta} \frac{\mathrm{d}\theta}{\mathrm{d}t} = R_k i_k + \left(L_k + i_k \frac{\partial L_k}{\partial i_k} \right) \frac{\mathrm{d}i_k}{\mathrm{d}t} + i_k \frac{\partial L_k}{\partial \theta} \frac{\mathrm{d}\theta}{\mathrm{d}t} \qquad (3-8)$$

式(3-8)表明,电源电压与电路中的三部分压降相平衡。其中,等式右端第一项是第 k 相回路中的电阻压降;第二项是由电流变化引起磁链变化而感应的电动势,称为变压器电动势;第三项是由转子位置改变引起绕组中磁链变化而感应的电动势,称为运动电动势,它与开关磁阻电机中的能量转换有关。

3. 机械运动方程

根据力学原理,可以写出电机在电磁转矩和负载转矩作用下,转子的机械运动方程为

$$T_e = J \frac{\mathrm{d}^2\theta}{\mathrm{d}t^2} + K_\omega \frac{\mathrm{d}\theta}{\mathrm{d}t} + T_L \qquad (3-9)$$

式中　T_e——电磁转矩;

　　　J——系统转动惯量;

　　　K_ω——摩擦系数;

　　　T_L——负载转矩。

4. 转矩公式

开关磁阻电机的电磁转矩可以通过磁场储能 (W_m)[或磁共能 (W'_m)]对转子位置角 θ 求偏导数求得,即

$$T_e(i,\theta) = \frac{\partial W'_m(i,\theta)}{\partial \theta} \bigg|_{i=\text{Const.}} \qquad (3-10)$$

式中　$W'_m(i,\theta)$——绕组的磁共能,$W'_m(i,\theta) = \int_0^i \Psi(i,\theta)\mathrm{d}i$。

应当指出,尽管上述开关磁阻电机的数学模型从理论上完整、准确地描述了开关磁阻电机中电磁及力学关系,但由于电路和磁路的非线性和开关性,上述模型计算十分困难。

3.2.2　基于理想线性模型的开关磁阻电机性能分析

1. 理想线性模型

为了弄清开关磁阻电机内部的基本电磁关系和基本特性,我们从理想的简化模型入手进行研究。为此做如下假设:

(1) 不计磁路饱和影响,绕组电感与电流大小无关;

(2) 忽略磁通的边缘效应;

(3) 忽略所有功率损耗;

(4) 功率管的开关动作是瞬时完成的;

(5) 电机以恒速运行。

在上述假设条件下的电机模型就是理想线性模型。这时,相绕组电感 L 随转子位置角 θ 的变化曲线如图 3-4 所示。图中横坐标为转子位置角(机械角),它的基准点即坐标原点

（θ＝0）位置对应于定子磁极轴线（也是相绕组的中心）与转子凹槽中心重合的位置（把这个位置叫作不对齐位置），这时相电感为最小值 $L_{\min}$。当转子转过半个极距时，定子磁极轴线与转子凸极中心对齐（对齐位置），相电感为最大值 $L_{\max}$。随着定子、转子磁极重叠的增加和减少，相电感在 $L_{\max}$ 与 $L_{\min}$ 之间线性地上升和下降，$L(\theta)$ 的变化频率正比于转子极数，变化周期为转子极距 τ_r。

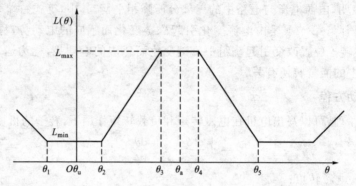

图 3-4　相绕组电感随转子位置角的变化曲线

图 3-4 中，θ_u 为不对齐位置；θ_2 为定子磁极与转子凸极开始发生重叠的位置；θ_3 为定子磁极刚好与转子凸极完全重叠的位置或临界重叠的位置；θ_a 为对齐位置或最大电感位置；θ_4 为定子磁极与转子凸极即将脱离完全重叠的位置；θ_1 和 θ_5 为定子磁极刚刚与转子凸极完全脱离的位置。由此可以得到理想的线性开关磁阻电机模型中绕组电感与转子位置角的关系为

$$L(\theta)=\begin{cases} L_{\min}, & \theta_1 \leqslant \theta < \theta_2 \\ L_{\min}+K(\theta-\theta_2)+, & \theta_2 \leqslant \theta < \theta_3 \\ L_{\max}, & \theta_3 \leqslant \theta < \theta_4 \\ L_{\max}-K(\theta-\theta_4), & \theta_4 \leqslant \theta < \theta_5 \end{cases} \qquad (3\text{-}11)$$

式中　　K——系数，$K=(L_{\max}-L_{\min})/(\theta_3-\theta_2)=(L_{\max}-L_{\min})/\beta_S$，$\beta_S$ 为定子磁极弧。

2. 相绕组磁链

开关磁阻电机一相绕组的主电路如图 3-5 所示，当电机由恒定直流电源 U_S 供电时，一相电路的电压方程为

$$\pm U_S = iR + \frac{\mathrm{d}\Psi}{\mathrm{d}t} \qquad (3\text{-}12)$$

式中　　"+"对应于绕组与电源接通时间；

　　　　"−"对应于电源关断后绕组的续流时间。

根据"忽略所有功率损耗"的假设，式（3-12）可以化简为

$$\pm U_S = \frac{\mathrm{d}\Psi}{\mathrm{d}t} = \frac{\mathrm{d}\Psi}{\mathrm{d}\theta}\frac{\mathrm{d}\theta}{\mathrm{d}t} = \Omega\frac{\mathrm{d}\Psi}{\mathrm{d}\theta} \qquad (3\text{-}13)$$

或

$$\mathrm{d}\Psi = \pm\frac{U_S}{\Omega}\mathrm{d}\theta \qquad (3\text{-}14)$$

式中　　Ω——转子的角速度，$\Omega=\mathrm{d}\theta/\mathrm{d}t$。

开关 VT_1 和 VT_2 的合闸瞬间($t = 0$)为电路的初始状态,此时 $\Psi_0 = 0$,$\theta = \theta_{on}$。θ_{on} 为定子绕组接通电源瞬间定、转子磁极的相对位置角,称为开通角。

对式(3-14)取"+",积分并带入初始条件,得到通电阶段磁链表达式为

$$\Psi = \int_{\theta_{on}}^{\theta} \frac{U_s}{\Omega} d\theta = \frac{U_s}{\Omega}(\theta - \theta_{on}) \tag{3-15}$$

当 $\theta = \theta_{off}$ 时关断电源,此时磁链最大,其值为

$$\Psi = \Psi_{max} = \frac{U_s}{\Omega}(\theta_{off} - \theta_{on}) = \frac{U_s}{\Omega}\theta_c \tag{3-16}$$

式中　　θ_{off}—— 定子绕组断开电源瞬间定、转子磁极的相对位置角,称为关断角;

　　　　θ_c—— 定子一相绕组的导通角,$\theta_c = \theta_{off} - \theta_{on}$。

式(3-16)为电源关断后绕组续流期间的磁链初始值,对式(3-14)取"−",积分并带入初始条件,得到续流阶段的磁链表达式为

$$\Psi = \frac{U_s}{\Omega}(2\theta_{off} - \theta_{on} - \theta) \tag{3-17}$$

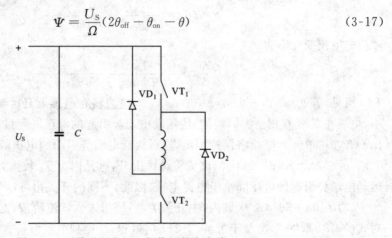

图 3-5　开关磁阻电机一相绕组的主电路

3. 相绕组电流

式(3-13)可以改写为

$$\pm U_s = \frac{d\Psi}{dt} = L\frac{di}{dt} + i\frac{dL}{d\theta}\Omega$$

或

$$\frac{\pm U_s}{\Omega} = L\frac{di}{d\theta} + i\frac{dL}{d\theta} \tag{3-18}$$

在转速、电压一定的条件下,绕组电流仅与转子位置角和初始条件有关。由于绕组电感 $L(\theta, i)$ 的表达式是一个分段解析式,因此需要分段给出初始条件并求解。

(1)在 $\theta_1 \leqslant \theta < \theta_2$ 区域内,$L = L_{min}$,对式(3-18)取"+",将初始条件 $i(\theta_{on}) = 0$ 带入,解得

$$i(\theta) = \frac{U_s}{L_{min}}\frac{\theta - \theta_{on}}{\Omega} \tag{3-19}$$

则电流变化率为

$$\frac{\mathrm{d}i(\theta)}{\mathrm{d}\theta} = \frac{U_\mathrm{S}}{\Omega L_\mathrm{min}} = \mathrm{Const.} > 0 \tag{3-20}$$

所以,电流在最小电感区间内是直线上升的。这是因为该区域内电感恒为最小值 L_min,且无运动电动势,因此相电流在此区间可以迅速建立。

(2) 在 $\theta_2 \leqslant \theta < \theta_\mathrm{off}$ 区域内,$L = L_\mathrm{min} + K(\theta - \theta_2)$,对式(3-18) 取"+",电压方程为

$$\frac{U_\mathrm{S}}{\Omega} = L\frac{\mathrm{d}i}{\mathrm{d}\theta} + i\frac{\mathrm{d}L}{\mathrm{d}\theta} = [L_\mathrm{min} + K(\theta - \theta_2)]\frac{\mathrm{d}i}{\mathrm{d}\theta} + \frac{\mathrm{d}(K\theta i)}{\mathrm{d}\theta} \tag{3-21}$$

式(3-21) 两端对 θ 积分,得

$$\frac{U_\mathrm{S}}{\Omega}\theta + C = [L_\mathrm{min} + K(\theta - \theta_2)]i \tag{3-22}$$

将初始条件 $i(\theta_2) = U_\mathrm{S}(\theta_2 - \theta_\mathrm{on})/(\Omega L_\mathrm{min})$ 带入式(3-22),可以确定积分常数 $C = U_\mathrm{S}\theta_\mathrm{on}/\Omega$,则

$$i(\theta) = \frac{U_\mathrm{S}(\theta - \theta_\mathrm{on})}{\Omega[L_\mathrm{min} + K(\theta - \theta_2)]} \tag{3-23}$$

对应的电流变化率为

$$\frac{\mathrm{d}i}{\mathrm{d}\theta} = \frac{U_\mathrm{S}}{\Omega}\frac{L_\mathrm{min} + K(\theta_\mathrm{on} - \theta_2)}{\Omega[L_\mathrm{min} + K(\theta - \theta_2)]^2} \tag{3-24}$$

可见,若 $\theta_\mathrm{on} < \theta_2 - L_\mathrm{min}/K$,$\mathrm{d}i/\mathrm{d}\theta < 0$,电流将在电感上升区域下降,这是因为 θ_on 比较小,电流在 θ_2 处有相当大的数值,使运动电动势引起的电压降超过了电源电压;若 $\theta_\mathrm{on} = \theta_2 - L_\mathrm{min}/K$,$\mathrm{d}i/\mathrm{d}\theta = 0$,电流将保持恒定,这时运动电动势引起的电压降恰好与电源电压平衡;若 $\theta_\mathrm{on} > \theta_2 - L_\mathrm{min}/K$,$\mathrm{d}i/\mathrm{d}\theta > 0$,电流将继续上升,这是因为 θ_on 较大,电流在 θ_2 处数值较小,使运动电动势引起的电压降小于电源电压。因此,不同的开关角可以形成不同的相电流波形。

(3) 在 $\theta_\mathrm{off} \leqslant \theta < \theta_3$ 区域内,主开关关断,绕组进入续流阶段,此时 $L = L_\mathrm{min} + K(\theta - \theta_2)$,对式(3-18) 取"—",类似于求解(3-21) 的过程,易得到电流解析式为

$$i(\theta) = \frac{U_\mathrm{S}(2\theta_\mathrm{off} - \theta_\mathrm{on} - \theta)}{\Omega[L_\mathrm{min} + K(\theta - \theta_2)]} \tag{3-25}$$

(4) 在 $\theta_3 \leqslant \theta < \theta_4$ 区域内,$L = L_\mathrm{max}$,对式(3-18) 取"—",同理可得

$$i(\theta) = \frac{U_\mathrm{S}(2\theta_\mathrm{off} - \theta_\mathrm{on} - \theta)}{\Omega L_\mathrm{max}} \tag{3-26}$$

(5) 在 $\theta_4 \leqslant \theta \leqslant 2\theta_\mathrm{off} - \theta_\mathrm{on} < \theta_5$ 区域内,$L = L_\mathrm{max} - K(\theta - \theta_4)$,对式(3-18) 取"—",同理可得

$$i(\theta) = \frac{U_\mathrm{S}(2\theta_\mathrm{off} - \theta_\mathrm{on} - \theta)}{\Omega[L_\mathrm{max} - K(\theta - \theta_4)]} \tag{3-27}$$

由式(3-20)、式(3-23)、式(3-25)、式(3-26) 和式(3-27) 构成一个完整的电流解析式,它是关于电源电压、电机转速、电机几何尺寸和转子位置角 θ 的函数。在电压和转速恒定的条件下,电流波形与开通角 θ_on、关断角 θ_off、最大电感 L_max、最小电感 L_min、定子磁极弧 β_S 等有关。

通过以上分析,我们可以得出如下结论:

(1) 主开关开通角 θ_on 对控制电流大小的作用十分明显。开通角 θ_on 减小,电流线性上升的时间增加,电流峰值和电流波形的宽度增大。

（2）主开关关断角 θ_{off} 一般不影响电流峰值，但对相电流波形的宽度有影响。关断角 θ_{off} 增大，供电时间增加，电流波形的宽度就会增大。

（3）电流的大小与供电电压成正比，与电极转速成反比。在转速很低，比如启动时，可能形成很大的电流峰值，必须注意限流。有效的限流方式是采用电流斩波控制。

4. 电磁转矩

在理想线性模型中，假定电机的磁路不饱和，则有

$$W_{\text{m}} = W'_{\text{m}} = \frac{1}{2} i \Psi = \frac{1}{2} L i^2$$

从而电磁转矩为

$$T_{\text{e}}(i, \theta) = \frac{1}{2} i^2 \frac{\partial L}{\partial \theta} \tag{3-28}$$

将电感的分析解析式带入式（3-28），可得

$$T_{\text{e}} = \begin{cases} 0, & \theta_1 \leqslant \theta < \theta_2 \\ \dfrac{1}{2} K i^2, & \theta_2 \leqslant \theta < \theta_3 \\ 0, & \theta_3 \leqslant \theta < \theta_4 \\ -\dfrac{1}{2} K i^2, & \theta_4 \leqslant \theta < \theta_5 \end{cases} \tag{3-29}$$

式（3-29）虽然是在一系列假设条件下得出的，但对于了解开关磁阻电机的工作原理、定性分析电机的工作状态产生是十分有益的。可以得出以下结论：

（1）开关磁阻电机的电磁转矩是由于转子转动时气隙磁导的变化而产生的，电感对位置角的变化率越大，转矩越大。使开关磁阻电机的转子齿极数少于定子齿极数，有利于增大电感对位置角的变化率，因此有利于增大电机的出力。

（2）电磁转矩的大小与电流的平方成正比。考虑实际电机中磁路的饱和影响后，虽然转矩不再与电流的平方成正比，但仍随电流的增大而增大。因此，可以通过增大电流而有效地增大电磁转矩。

（3）在电感曲线的上升阶段，绕组电流产生正向转矩；在电感曲线的下降阶段，绕组电流产生反向转矩（制动转矩）。因此，可以通过改变绕组的通电时刻来改变转矩的方向，而改变电流的方向不会改变转矩的方向。

（4）在电感的下降阶段，绕组电流将产生制动转矩，因此，主开关的关断不能太迟。但关断过早也会由于电流有效值不够而导致转矩减少，且在最大电感期间，绕组也不产生转矩。因此取关断角 $\theta_{\text{off}} = (\theta_2 + \theta_3)/2$，即电感上升阶段的中间位置是比较好的选择。

3.3　开关磁阻电机的控制原理

3.3.1　开关磁阻电机的运行特性

当外施电压 U_{s} 给定、开通角 θ_{on} 和关断角 θ_{off} 固定时，开关磁阻电机的转矩、功率与转速的关系类似于直流电机的串励特性。但是，实际上在转速较低时，电流和转矩都是有极限值，

其基本机械特性如图 3-6 所示。

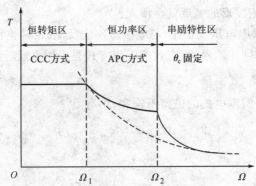

图 3-6　开关磁阻电机的基本机械特性

对于给定的开关磁阻电机,在最高外施电压和允许的最大磁链和电流条件下,存在一个临界转速,它是开关磁阻电机保持最大转矩时能达到的最高转速,称为基速或者第一临界转速(图中用角速度 Ω_1 表示)。当然,此时开关磁阻电机的功率也是最大的。

开关磁阻电机的电流与转速成反比,在低速运行时,为了限制绕组电流不超过允许值,可以调节外施电压 U_S、开通角 θ_{on} 和关断角 θ_{off} 三个控制量。为了在基速以下获得恒转矩性质,则可以固定开通角 θ_{on} 和关断角 θ_{off},通过斩波控制外施电压。我们把这种控制方式称为电流斩波控制(chopped current concrol,CCC)。

当开关磁阻电机的运行速度高于基速时,若保持外施电压 U_S、开通角 θ_{on} 和关断角 θ_{off} 都不变,那么随着角速度的增加,平均电磁转矩将随着角速度的平方下降。为了得到恒功率特性,必须采用可控条件。但是外施电压最大值是由电源功率变换器决定的,而导通角又不能无限增加。因此,在外施电压达到最大和开关角最佳的条件下,能得到最大功率的最高转速,也就是恒功率特性的速度上限,被称为第二临界转速(图 3-6 中用第二临界角速度 Ω_2 表示)。

在基速以上、第二临界转速以下,可以保持外施电压不变,通过调节开通角 θ_{on} 和关断角 θ_{off} 获得恒功率特性。这种控制方式称为角度位置控制(angular position control,APC)。

当转速再增加时,由于可控条件都已到达极限,转矩不再随转速线性下降,开关磁阻电机又呈串励特性运行。

运行时存在两个临界点是开关磁阻电机一个重要的特点。显然,控制变量(外施电压 U_S、开通角 θ_{on} 和关断角 θ_{off})的不同组合将使两个临界点在速度轴上的分布不同,并采用不同控制方法便能得到满足不同需要的机械特性。这就是开关磁阻电机具有良好调速性能的原因之一。

3.3.2　开关磁阻电机的基本控制方式

为了保证开关磁阻电机的可靠运行,一般在低速(基速以下)时,采用 CCC(又叫电流 PWM 控制);在高速情况下,采用 APC(也叫单脉冲控制)。

1. CCC

在开关磁阻电机启动,低、中速运行时,电压不变,旋转电动势引起的电压降小,电感上升期时间长，而 $\mathrm{d}i/\mathrm{d}t$ 的值相当大，为避免电流脉冲峰值超过功率开关器件和电机的允许值，采用 CCC 模式来限制电流。

斩波控制一般是在相电感变化区域内进行的，由于电机的平均电磁转矩 T_{av} 与相电流 I 的平方成正比，因此通过设定相电流允许限值 $I_{\max}$ 和 $I_{\min}$，可以使开关磁阻电机工作在恒转矩区域。

CCC 又分为启动斩波模式、定角度斩波模式和变角度斩波模式三种。

启动斩波模式：在开关磁阻电机启动时采用。此时，要求启动转矩大，同时又要限制相电流峰值，通常固定开通角 θ_{on} 和关断角 θ_{off}，导通角 θ_{c} 的值相对较大。

定角度斩波模式：通常在电机启动后低速运行时采用。导通角 θ_{c} 保持不变，但限定在一定范围内，相对较小。

变角度斩波模式：通常在电机中速运行时采用。此时转矩调节是通过电流斩波控制和改变开通角 θ_{on} 和关断角 θ_{off} 的值来实现的。

电流斩波通常有以下几种实现方式：

（1）限制电流上、下幅值

在一个控制周期内，检测电流 i 与给定电流上幅值 $I_{\max}$ 和下限幅值 $I_{\min}$ 进行比较，当 $i \geqslant I_{\max}$ 时，控制功率开关器件关断；当 $i \leqslant I_{\min}$ 时，使该相的开关器件重新导通。这样相电流 i 就维持在期望值。在一个周期内，由于相绕组电感不同，电流的变化率也不同，因此，斩波疏密不均匀。在低电感区，斩波频率较高；高电感区，斩波频率下降，其电流波形如图 3-7 所示。

（2）电流上限和关断时间恒定

与限制电流上、下幅值的控制模式相比，其区别在于相电流 i 与给定电流 $I_{\max}$ 进行比较，当 $i > I_{\max}$ 时，控制开关器件关断一段时间后再导通。

图 3-8 为该控制模式下的相电流波形。在不到一个控制周期内，关断时间恒定，但电流下降多少取决于绕组的电感量、电感变化率以及转速等因素，因此，电流下降量并不一致。此外，对于关断时间的选取应适宜，时间过长，相电流脉动大，发生"过斩"；时间过短，斩波频率过高。

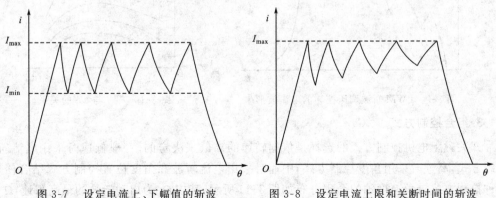

图 3-7　设定电流上、下幅值的斩波　　　　　图 3-8　设定电流上限和关断时间的斩波

（3）PWM 斩波调压控制

与以上两种方法不同，这种方案通过 PWM 斩波调压间接地调节电流。调节 PWM 波的占空比可以调节直流侧电源电压，也可以调节各相绕组的电压。前者对公共开关管的可靠性要求较高，后者的各相开关将工作在高频斩波状态，损耗大。PWM 斩波调压控制的电流波形如图 3-9 所示。

2. APC

在电机高速运行时，为使转矩不随转速的平方下降，在外施电压一定的条件下，只有通过改变开通角 θ_{on} 和关断角 θ_{off} 的值获得需要的较大电流，这就是 APC。

在 APC 中，由于开通角 θ_{on} 通常处于低电感区（$\theta_{\mathrm{on}} < \theta_2$），它的改变对相电流波形影响很大，从而对输出转矩产生很大的影响。因此一般采用固定关断角 θ_{off}，改变开通角 θ_{on} 的控制模式。

当电机的转速较高时，因反电动势的增大，限制了相电流的大小。为了增大平均电磁转矩，应增大相电流的导通角 θ_{c}，因此关断角 θ_{off} 不能太小。然而，关断角 θ_{off} 过大又会使相电流进入电感下降区域，产生制动转矩，因此关断角 θ_{off} 存在一个最佳值，以保证在绕组电感刚开始随转子位置角下降时，绕组电流尽快衰减到 0。一般选 $\theta_{\mathrm{off}} \leqslant \theta_{\mathrm{a}}$，且 $\theta_{\mathrm{c}} \leqslant \tau_{\mathrm{r}}/2$。

由开关磁阻电机的转矩公式可知，对于同一运行点（即一定转速和转矩），开通角 θ_{on} 和关断角 θ_{off} 有多种组合如图 3-10 所示，而在不同组合下，电机的效率和转矩脉动等性能指标是不同的，因此存在针对不同指标的角度最优控制。找出开通角、关断角中使电机出力相同且效率最高的一组就实现了角度控制的优化。寻优过程可以用计算机仿真，也可以用重复试验的方法来完成。

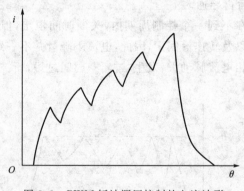
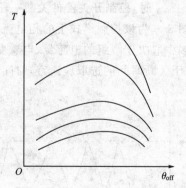

图 3-9 PWM 斩波调压控制的电流波形   图 3-10 T_{av} 与 θ_{off} 的关系

3. 组合控制方式

开关磁阻电机控制方式的选择是依据转速的高低来决定的。一般低速时采用电流斩波控制方式，高速时采用角度控制方式，中速时采用电流斩波和角度位置控制方式结合使用，各种控制方式沿角速度轴的合理分布如图 3-11 所示。其中 Ω_0 为启动斩波的最高限速，Ω_1 为第一临界角速度（最大功率下的最低转速或最大转矩下的最高转速），$\Omega_{C\max}$ 为电流斩波最高限速，Ω_2 为第二临界角速度（最大功率下的最高转速），$\Omega_{A\min}$ 为变角速度运行的最低限速。

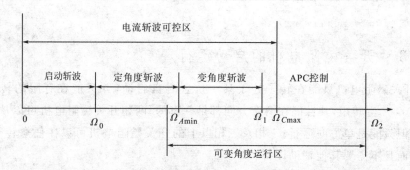

图 3-11　控制方式沿角速度轴的合理分布

在指定具体的控制策略时,必须注意:系统采用斩波控制的实际速度小于电流斩波最高限速 Ω_{Cmax} 而系统采用角度控制的实际速度远大于变角度运行的最低限速 Ω_{Amin}。

为了理解上述控制策略,首先需要了解电流斩波的最高限速 Ω_{Cmax} 角度控制的最低限速 Ω_{Amin} 这两个参数的定义。

下面通过线性模型近似分析电流斩波的最高限速 Ω_{Cmax}。由式(3-19)得

$$i(\theta) = \frac{U_S}{L_{min}} \frac{\theta - \theta_{on}}{\Omega} \quad (\theta_{on} \leqslant \theta < \theta_2) \tag{3-30}$$

不妨假设绕组电流的最大值在 $\theta = \theta_2$ 处,如系统允许的最大电流为 I_H,则电流斩波的最高限速为

$$\Omega_{Cmax} = \frac{U_S}{L_{min}} \frac{\theta_2 - \theta_{on}}{I_H} \tag{3-31}$$

如果选在 $\theta = 0$ 处使开关导通,使对应绕组中的电流在电感较小区域内迅速建立起来,然后再用电流斩波方式进行调节,那么式(3-31)变为

$$\Omega_{Cmax} = \frac{U_S \theta_2}{L_{min} I_H} \tag{3-32}$$

应该指出,由于电机磁路饱和的影响,导致电流幅值增大,且随着速度的增高,电流极值点前移,所以系统运行所允许的电流斩波最高限速应该小于式(3-32)的计算结果。

在角度控制的方式下,绕组电流宽度相对较窄,往往在两相脉冲之间留有较宽的零转矩区域,因此转矩脉动较大;转速越低,转矩脉动越大。需要指出的是:在负载转矩的作用下,开关磁阻电机的转速在一个步距角范围内下降为 0,此时的速度就是角度控制的最低限速 Ω_{Amin}。根据能量守恒原理得

$$\frac{1}{2} J \Omega_{Amin}^2 = T_N \frac{2\pi}{mN_r} \tag{3-33}$$

式中　J——系统的转动惯量;

　　　T_N——额定负载转矩。

因此,变角速度运行的最低限速可由下式计算:

$$\Omega_{Amin} = \sqrt{\frac{4\pi T_N}{mN_r J}} \tag{3-34}$$

为了保证电机的可靠运行,实际角度控制的最低速度应远远大于变角度控制的最低限

速 $\Omega_{A\min}$。

3.3.3　开关磁阻电机的启动运行

单相开关磁阻电机只能在转子处于某一位置时自启动,并只能在有限的转角范围内 $(\partial L/\partial\theta > 0)$ 产生转矩,其性能在两个方向都是一直的。两相开关磁阻电机可以从任意转子位置启动,但只能是单方向运行。三相及三相以上的开关磁阻电机可以在任意转子位置正、反转启动,而且不需要其他辅助设备。

开关磁阻电机的启动有一相绕组通电启动和两相绕组通电启动两种方式。本节以四相 8/6 极开关磁阻电机为例定性分析开关磁阻电机的启动运行特点。

在启动时给电机的一相绕组通以恒定电流,随着转子位置的不同,开关磁阻电机产生的电磁转矩大小也不同,甚至转矩的方向也会改变,我们把电机在每相绕组通以一定电流产生的电磁转矩 T_e 与转子位置角 θ 之间的关系称为矩角关系特性,图 3-12 为四相开关磁阻电机的典型矩角特性曲线。从图中可以看出,如果各相绕组选择适当的导通区间,单相启动方式下总启动转矩为各相矩角特性上的包络线,而相邻的两相矩角特性的交点则为最小启动转矩($T_{st,\min}$)。如果负载转矩大于开关磁阻电机的最小启动转矩,那么电机存在启动死区。

为了增大开关磁阻电机的启动转矩、消除启动死区,可以采用两相启动方式,即在启动过程中的任一时刻均有两相绕组通以相同的启动电流,启动转矩由两相绕组的电流共同产生。如果忽略两相绕组间的磁耦合影响,那么总启动转矩为两相矩角特性之和。两相启动时合成转矩和各相导通规律如图 3-13 所示。

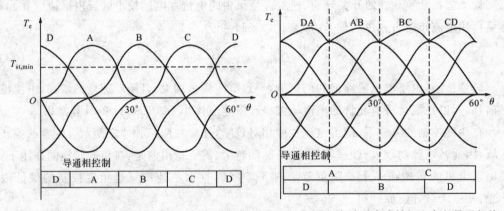

图 3-12　四相开关磁阻电机的矩角特性曲线　图 3-13　两相启动时合成转矩和各相导通规律

显然,两相启动方式下的最小启动转矩为单相启动时的最大转矩,且两相启动方式时的平均转矩增大,电机带负载能力明显增强;两相启动方式的最大转矩与最小转矩的比值减小,转矩脉动减小。如果负载转矩一定,两相启动所需的电流幅值将明显低于单相启动所需的电流幅值。可见两相启动方式明显优于单相启动,所以一般都采用两相启动方式。

在工程实践中,两相启动方式也称为两相全开通启动方式。因为在两相启动时,每相绕组的导通角约为一相启动方式的两倍,处于电感上升阶段的绕组全部开通。

3.3.4　开关磁阻电机的四象限运行控制

开关磁阻电机产生的电磁转矩与其绕组电流的方向无关,通过改变相绕组励磁位置和触发顺序即可改变转矩的大小和方向,实现正转电动、正转制动、反转电动和反转制动四种运行方式,即可实现四象限运行。

相对而言,反转运行需要两个条件:一是应该有负的转矩;二是应该有反相序的控制信号。

由 3.2 节的分析可知:主开关器件的开通角 θ_{on} 和关断角 θ_{off} 决定每相绕组的通电区间若在 $\partial L/\partial \theta > 0$ 区段内通电则产生正转矩,若在 $\partial L/\partial \theta < 0$ 区段通电则产生负转矩。当电机按负转矩反向旋转时,位置检测器的信号就会自动反相序,因此经逻辑变换自然形成反相序(相对于正转逻辑)控制信号。所以,如果开通角 θ_{on} 和关断角 θ_{off} 为正转控制角,则只要将控制导通区推迟半个周期,就可以产生负转矩,并实现反转。反转之后的控制角分别为 $\theta'_{on} = \theta_{on} + \tau_r/2$ 和 $\theta'_{off} = \theta_{off} + \tau_r/2$,反转之后的实际控制角仍然在正常电控控制范围内,如图 3-14 所示。

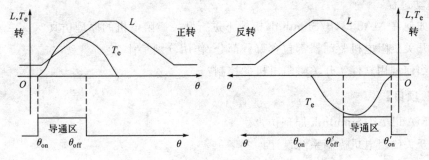

图 3-14　开关磁阻电机正反转控制原理

由开关磁阻电机的工作原理可知,在电机正转时,将相绕组主开关器件的导通区设在相绕组电感的下降段即可产生负转矩,使电机降速,如图 3-15 所示。改变相绕组主开关器件的开通角 θ_{on} 和关断角 θ_{off} 就可以实现开关磁阻电机的制动运行,因此,开关磁阻电机的制动控制仍然属于 APC 控制方式的一种。

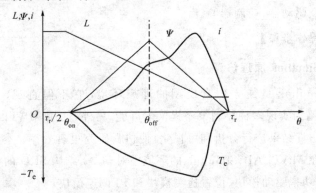

图 3-15　制动状态下 L, Ψ, i, T_e 与转子位置角 θ 的关系示意图

在制动状态,电磁转矩的方向与转速方向相反,电机轴上的机械功率转换为电能,并借

助主回路的电力电子器件回馈给电源或者其他储能元件,如电容。开关磁阻电机的制动属于回馈制动(或称为再生制动)。

3.4 基于单片机控制的开关磁阻电机实验

【实验目的】

(1)掌握开关磁阻电机的工作及控制原理。

(2)掌握开关磁阻电机的调速方式。

(3)掌握开关磁阻电机控制硬件设计及软件的编程。

【预习要点】

(1)开关磁阻电机的基本方程是什么?开关磁阻电机有哪些调速方式?开关磁阻电机的启动和制动过程。

(2)如何在 MATLAB/Simulink 模块下进行开关磁阻电机的原理仿真?

(3)开关磁阻电机驱动器都包含哪些部分,作用分别是什么?

(4)如何利用软件实开关磁阻电机的控制?

【实验项目】

(1) MATLAB/Simulink 原理仿真。

(2)开关磁阻电机控制系统设计:

① 信号采集系统。

② 驱动系统。

③ 主控系统。

④ 软件设计。

【实验设备及仪器】

开关磁阻电机、驱动器、控制器等。

【实验说明及操作步骤】

1. MATLAB/Simulink 原理仿真

MATLAB/Simulink 是建立仿真模型的理想环境,它不但直观、便捷、准确,而且 MATLAB 的工具箱为实现多种控制策略提供了可能。另外,使用 MATLAB 的中的各种分析工具,还可以对仿真结果进行分析和可视化,使仿真研究更有效率。本节中利用 SRM 的准线性动态模型,在 MATLAB/Simulink 的环境中对(6/4)结构 SRD 的各部分进行建模仿真,包括电机模块、功率驱动模块、位置检测模块和 PI 调速模块。

（1）电机模块

在 MATLAB/Simulink 元件库中有开关磁阻电机模块，模块图如图 3-16 所示。

其中，TL 端为电机外带负载的输入断；A1 为 A 相电流的输入端，A2 为 A 相电流输出端，依次为 B 相和 C 相的电流输入和输出端；m 为电机运转状态输出端，包括相磁通量、相电流、输出转矩和转速。

（2）功率驱动模块

此模块主要用于驱动 SRM 的 A、B、C 三相，由控制信号 G 控制各相开关器件（IGBT）的导通，将电源的电能输送给 SRM。模块设计如图 3-17 所示。

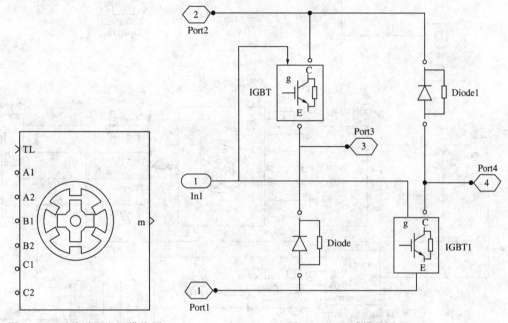

图 3-16　开关磁阻电机模块图　　　　　　　　图 3-17　驱动模块图

（3）位置检测模块

此模块用于得到各相的开关信号，并与 PI 调速模块送出的 PWM 波相遇。此外，经 z 变换后得到转角，即可以设定每相的开通角和关通角，在此设开通角为 40°，关通角为 75°，如图 3-18 所示。

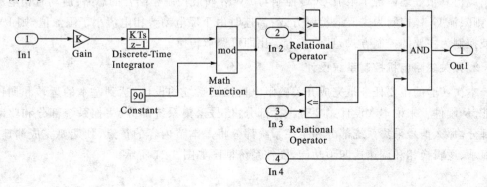

图 3-18　位置检测模块

（4）PI 调速模块

PI 调速模块分两部分组成：PI 算法部分和 PWM 生成部分。由于开关磁阻电机高频的开关特性，PWM 波需由高频的脉冲波经积分后并与给定值相比后得到，如图 3-19 所示。

将上述模块连接成一个调速系统，达到换相、PI 调速和限流的目的，同时还要根据实时转角信息做出换相处理。其完整系统如图 3-20 所示。

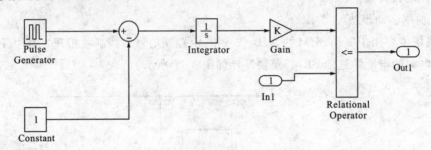

图 3-19　PWM 波生成

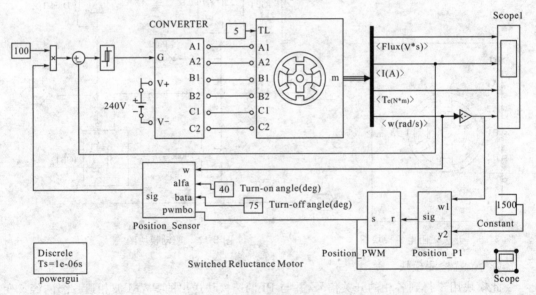

图 3-20　SRD 系统仿真图

此仿真很好地体现了限流 CCC 控制与 PWM 斩波控制相结合的思路：启动时相电流过大，则限流 CCC 控制为主要的控制方式；高速时由于反电动势相电流小于限流值，则 PWM 斩波控制为主要的控制方式，且调节占空比即可调节转速。

2. 开关磁阻电机控制系统设计

本次实验的主要任务是完成开关磁阻电机控制系统的设计，达到基本的运转和调速的功能。从硬件上来说本次设计主要分三大部分：信号采集系统部分、主控系统部分和驱动系统部分。那么信号采集系统部分和主控系统部分将是本节内容的重点，预期要完成测速、速度显示、逻辑换相和调速这四项功能，硬件系统框图如图 3-21 所示。

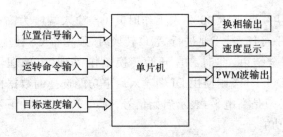

图 3-21　硬件系统框图

此系统的特点在于高度的集成,测速和换相全由位置信号传感器负责输入,换相信号和 PWM 波信号可以进行片外硬件与门相与,也可片内程序相与后再输出。由于单片机输入和输出的信号量非常多,所以 I/O 口线难免紧张。活用串口输入和串口输出是本设计硬件上的的创新所在。软件编程则利用 STC89C52 比普通 51 单片机强大的 T2 定时器捕获功能,同时完成转速测时和换相中断的任务。由于换相输出同位置信号输入是高度实时逻辑相关的,所以用中断的方式来获得换相的时刻。此外,PWM 波的生成也需要由定时器来完成,则定时与中断的合理运用便是此系统编程成败的关键。通过 Simulink 软件对此系统进行仿真,得到了在 PI 速度环和限流环双闭环下的电机转速、转矩、相电流等波形图,基本符合预期的效果。

位置传感器是开关磁阻电机的关键部件和特征部件。它的作用是向单片机端口正确提供转子位置信息,以此对功率变换器进行控制,从而控制整个电机的运行。转子位置检测的传感器可采用多种形式,如霍尔传感器、光电式传感器、接近开关式传感器、谐振式传感器和高频耦合式传感器等。

本系统选用 SRD 中用得最多的简单可靠的光电式位置传感器,它由静止和转动两部分组成。前者包括红外发光二极管、红外光敏二极管和辅助电路;后者为与 SRM 转子同轴安装的 $22.5°$ 间隔的 8 齿遮光盘,遮光盘与电机同步旋转。这种传感器将一只红外光发射管和一只红外光电三极管分别固定在一只 U 形支架的二臂上,二臂相对的面上各开有一条窄缝,以利于发射管发出的红外线被光敏三极管所接受。当检测盘的凸起部分位于传感器 U 形槽内时,光敏管接受不到光信号,光敏管处于截止状态,OUTU 为高电平,而检测盘的凹进部分位于传感器 U 形槽内时,光敏管因收到光信号而饱和,光敏管感光处于通态,OUTU 为低电平。

由于系统采用的电机是 12/8 极开关磁阻电机,对于三相 12/8 结构 SR 电机(步进角为 $\theta_{step} = 7.5°$,角度识别为 $45°$,必须有两个互差 $15°$ 的传感器方可确定转子转动的角度位置,所以采用相距 $15°$ 的两个传感器。

由于开关磁阻电机在调速时需要一个渐变的速度,则需一个模拟量来反映速度的变化。本次设计考虑到单片机 I/O 口线紧张的情况,决定采用一个串行的 AD 来完成模数转换。ADC0832 是 8 位分辨率 A/D 转换芯片,其最高分辨可达 256 级,可以适应一般的模拟量转换要求。其内部电源输入与参考电压的复用,使得芯片的模拟电压输入为 $0 \sim 5$ V。芯片转换时间仅为 32 μs,据有双数据输出可作为数据校验,以减少数据误差,转换速度快且稳定性能强。ADC0832 与单片机的接口应为 4 条数据线,分别是 CS、CLK、DO、DI。但由于 DO 端与 DI 端在通信时并未同时有效并与单片机的接口是双向的,所以电路设计时可以将 DO 和 DI 并联在一根数据线上使用。当 ADC0832 未工作时其 CS 输入端应为高电平,此时芯片禁用,CLK 和 DO/DI 的电平可任意。当要进行 A/D 转换时,须先将 CS 使能端置于低电平并且保持低电平直到转换完全结束。此时芯片开始转换工作,同时由处理器向芯片时钟输入端 CLK 输入时钟脉冲,DO/DI 端则使用 DI 端输入通道功能选择的数据信号。在第 1 个时钟脉冲的下沉之前 DI 端必须是高电平,表示启始信号。在第 2、3 个脉冲下沉之前 DI 端应输入 2 位数据用于选择通道功能。

驱动系统设计,功率驱动器是 SR 电机运行时所需能量的供给者,在整个 SRD 成本中功率驱动器占有很大比重,合理设计功率变换器是保证 SRD 系统具有较高选取对 SR 电机的设计也产生直接影响,应根据具体性能,使用场所等方面综合考虑,找出最佳组合方案。

单片机系统,STC89C52 是 STC 公司生产的一种低功耗、高性能 CMOS8 位微控制器,具有 8K 在系统可编程 Flash 存储器。STC89C52 使用经典的 MCS-51 内核,但做了很多的改进使得芯片具有传统 51 单片机不具备的功能。在单芯片上,拥有灵巧的 8 位 CPU 和在系统可编程 Flash,使得 STC89C52 为众多嵌入式控制应用系统提供高灵活、超有效的解决方案。具有以下标准功能:8 kB Flash,512 kB RAM, 32 位 I/O 口线,看门狗定时器,内置 4 kB EEPROM,MAX810 复位电路,3 个 16 位定时器 / 计数器,4 个外部中断,一个 7 向量 4 级中断结构(兼容传统 51 的 5 向量 2 级中断结构),全双工串行口。最高运作频率 35 MHz,6T/12T 可选。

速度显示电路部分,单片机并行 I/O 口数量总是有限的,有时并行口需作其他更重要的用途,一般也不会用数量众多的并行 I/O 口专门用来驱动显示电路,用单片机的串行通信口加上少量 I/O 及扩展芯片用于显示电路。速度显示利用 74LS164 芯片扩张 8 位 LED 串行显示接口电路。74LS164 是一个 8 位移位寄存器(串行输入,并行输出)。

3. 软件系统设计

本次实验是以 STC89C52 为核心构成的 SRD 系统,采用双闭环调速方法,系统有两个反馈环,即速度外环和电流内环。速度反馈信号取自位置传感器输出的转子位置信号频率,与被给定速度相减后作为速度环 PI 调节器的输入,而速度调节器的输出信号经换算成占空比的变化,即控制 PWM 信号的脉宽。控制器以恒定的斩波频率控制功率变换电路中主开关器件的开断,并通过调节开通和关断的时间比例,来调节相绕组两端的平均电压,同时基于最优开通角调节,从而实现调速。

系统软件是调速系统的核心,很大程度上决定了系统运行性能的优劣,开关磁阻电机调速系统软件的主要功能是根据转子位置状态和实际转速发出相应绕组开关信号。系统中要实现电机状态值的采样与计算、控制算法的实施以及 PWM 信号的输出,单片机根据转子的位置信息,并综合各种保护信号、给定信息以及转速情况,给出相通断信号。

软件的模块程序大体分为:主要程序和中断处理程序。主要程序为:主程序、运行子程序、测速子程序。中断处理程序为:定时器 T0 周期中断服务程序、定时器 T1 周期中断服务程序、INT1 过流中断处理程序。

【注意事项】

(1)电机固定咬牢靠固,否则电机带动的齿轮总是碰到位置传感器,导致电机无法正常旋转。

（2）若正负电源有时会接反，通过增加电源指示灯和二极管可以解决。

（3）若速度显示频闪严重，延长速度更新的时间可以缓解。出现速度显示不准确的情况，是因为有 PWM 波生成中断和换相中断在处理时占用了时间，使得到的测速时间值不准确了。要对程序进行修正使速度显示误差缩小。

【思考题】

（1）开关磁阻电机的应用与直流电机和交流电机相比有哪些优势？

（2）开关磁阻电机的电流斩波控制（CCC）、电压斩波控制（CVC）、角度位置控制（APC）有什么区别？

3.5　基于 DSP 控制的开关磁阻电机实验

【实验目的】

（1）掌握开关磁阻电机的工作及控制原理。

（2）掌握开关磁阻电机的调速方式。

（3）掌握开关磁阻电机控制硬件设计及软件的编程。

【预习要点】

（1）开关磁阻电机的数学模型和控制原理。

（2）分析开关磁阻电机的铁损耗与效率。

（3）DSP 的基本结构、特点及应用。

【实验项目】

（1）开关磁阻电机控制系统硬件设计。

（2）开关磁阻电机控制系统软件设计。

【实验说明及操作步骤】

1. 功率变换器

功率变换器是向电机直接提供能量的部件，它以功率开关管为主要功能器件，受控制电路的控制，把电源能量变换为适于电机控制的形式，最终实现机电能量转化。

功率变换器是直流电源和 SRM 的接口，在控制器的控制下起到开关作用，使绕组与电源接通或断开；同时还为绕组的储能提供回馈路径。SRD 的性能和成本很大程度上取决于功率变换器，因此合理设计功率变换器是整个 SRD 设计成败的关键。性能优良的功率变换器应同时具备如下条件：

（1）具有较少数量的主开关元件；

（2）可将电源电压全部加给电机相绕组；

（3）主开关器件的电压额定值与电机接近；

（4）具备迅速增加相绕组电流的能力；

（5）可通过主开关器件调制，有效地控制相电流；

（6）能将绕组储能回馈给电源。

功率变换器设计的主要问题：一是功率变换器主电路结构的设计；二是功率器件的选择及其电流定额的确定。

2. IGBT 驱动电路

EXB841 是日本富士公司生产的 IGBT 专用驱动模块，可用于驱动 400 A/600 V 以下或 300 A/1 200 V 以下 IGBT。整个电路信号延迟时间不超过 1 μs，最高工作频率可达 40 kHz，它只需外部提供一个＋20 V 的单电源，内部自己产生，＋5 V（开通）和－5 V（关断）的驱动电压。模块采用高速光耦隔离，射极输出，并有短路保护及慢速关断功能。EXB841 由以下几部分组成：放大部分、过流保护部分和 5V 电压基准部分。其应用电路如图 3-22 所示。EXB841 是 EXB 系列驱动器中的一种，该系列驱动器 EXB840/841（高速型，最大 40 kHZ 运行）和 EXB850/85l（标准型，最大 10 kHz 运行），EXB840/850 可驱动 150 A/600 V 或 75 A/1 200 V 以下 IGBT 一个单元，EXB841/851 可用于驱动 400 A/600 V 以下或 300A/1 200 V 以下 IGBT。

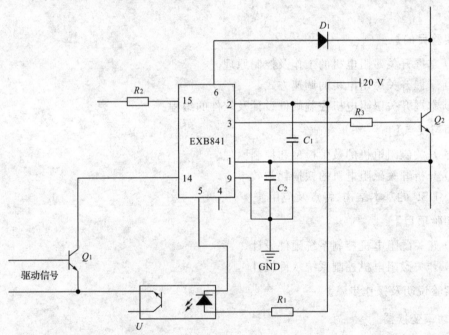

图 3-22　EXB841 应用电路

为了满足电机控制系统发展的需要，20 世纪 90 年代末，美国德州仪器公司（TI）推出了 TMS320x2x4 系列数字信号处理器（DSP），该系列 DSP 芯片专为实现高精度、高性能、功能多样化的单片电机控制系统或运动控制系统而设计，所以又被称为 TMS32x024x 系列 DSP 控制器。

TMS320x240x 系列 DSP 具有 16 位定点 DSP 内核，运算能力 20～40 MIPS（每秒兆条指令），典型指令周期 25～50 ns，具有独立的内部程序和数据总线，支持并行的程序和操作数寻址，这种高速运算能力使自适应控制、卡尔曼滤波等复杂控制算法得以实现。

事件管理器模块伍码提供了下列对运动控制非常有用的功能：

（1）事件管理器模块中有 3 个通用定时器，能够产生系统需要的计数信号、离散控制系统的采样周期、QEP（正交编码脉冲）电路、捕获单元和比较单元的时基。

（2）比较单元与 CMP/PWM 输出：共有 3 个全比较单元和 3 个简单比较单元。每个全比较单元以 Tl 为时间基准，可输出 2 路带可编程死区的 CMP/PWM 信号。通过设置 Tl 为不同工作方式，可选用输出非对称 PWM 波、对称 PWM 波或空间矢量 PWM 波。

（3）QEP 接口单元：对光电编码器输出的相位差 90° 的两路脉冲信号可鉴相和 4 倍频。

外设接口单元提供方便的输入输出控制：

（1）双 10 位 A/D 转换器：包含两个有内部采样保持电路的 10 位 A/D 转换器，共有 16 路 A/D 通道，每个通道的最大转换时间仅 6.6 μs。

（2）SPI 和 SCI：同步串行外设接口（SPI）可用于同步数据通信，典型的应用包括外部 I/O 扩展。SCI 口即通用异步收发器（UART），用于与 PC 机等通信。

（3）看门狗（WD）与实时中断定时器（RTI）监控系统软件及硬件工作，在 CPU 工作混乱时产生系统复位。

TMS320LF2407 DPS 是 TMS320x2x4 系列 DSP 控制器中面向高性能、高精度应用的产品，基于 TMS320LF2407 DSP 的 SRM 控制系统结构如图 3-23 所示。图中，DSP 负责判断转子位置信息，实时计算转速，并综合各种保护信号和给定信息以及转速情况给出相通断信号，实现数字 PI 调节并产生频率固定、占空比变化的 PWM 信号作为功率开关的驱动信号。

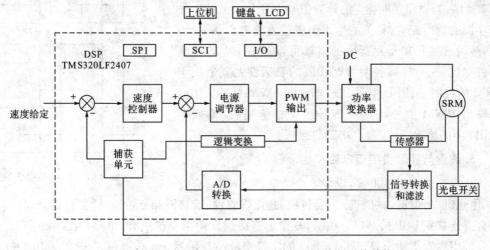

图 3-23　基于 TMS320LF2407 DSP 的 SRM 控制系统结构

3. 转子位置检测电路

如图 3-24 所示，四相 SRM 的两路位置信号经过反相器整理，再由电阻分压得到幅值为 3.3 V 的编码脉冲，分别输入 DSP 控制器的两个捕获单元 CAP1、CAP2。当捕获输入引脚检测到一个转换时，定时器 T2 的值被捕获并储存在相应的两级 FIFO 堆栈中。位置信号的上下跳变均引起捕获单元的中断，即每隔 15° 产生一次捕获口中断，CAP 的中断服务程序可以根据转子的瞬时位置信息进行换相，并计算电机的转速。通过对样机的实际测量，得到了相电感变化与位置信号输出之间的关系，如图 3-25 所示，位置检测电路规定了控制程序的换相策略，是保证电机连续运转的重要组成部分。

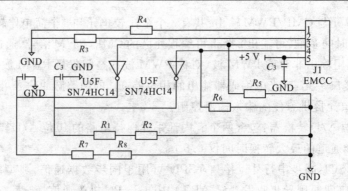

图 3-24   位置检测电路

4. PWM 输出电路

DSP 控制器产生 PWM 波形的方法有几种，此处我们通过 EV 模块的全比较单元和相应电路产生 PWM 信号口 PWM1～PWM4）。全比较单元的时基由通用定时器 1 提供，当通用定时器 1 的计数值与全比较单元的比较寄存器的值匹配时，相关的输出引脚就发生电平跳变。因此，随时改变比较寄存器中的值就可以调节 PWM 输出的占空比。这种软件控制 PWM 波的灵活性尤其适用于 SRM 的控制。利用 DSP 的比较单元和 PWM 脉冲发生电路输出 PWM 信号，PWM 信号经反相整理后，输入到 EXB841 的输入端，控制 IGBT 的通断。

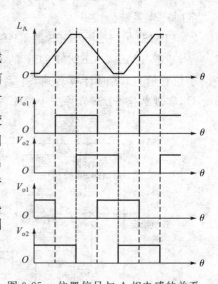

图 3-25   位置信号与 A 相电感的关系

5. 键盘与显示器接口电路

从操作的实用性出发，设置 8 个功能键，分别为启动键、停止键、增值键、减值键、正反转控制键、设置键、确认键和复位键。除复位键外，其余各键均直接连接别 DSP 的 I/O 口线上，复位键连接到 DSP 的复位引脚，电路如图 3-26 所示。显示部分采用内置驱动电路（HD44780）的字符型液晶显示器 1602，通过 DSP 的通用 I/O 口驱动，用于显示电机运行的状态，电路如图 3-27 所示。

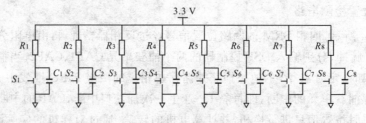

图 3-26   键盘电路

6. 软件设计

软件设计是开关磁阻电机控制系统设计的另一个重要组成部分，它是控制策略和方法应用的载体，系统运行性能的优劣主要取决于控制方式的选用。

开关磁阻电机控制系统的软件部分,主要有初始化子程序、主程序、键盘处理子程序、显示子程序、中断服务子程序、控制子程序等组成。主程序是一个循环的结构,实现控制参数的输入、运行状态的显示,同时等待中断,在中断服务子程序当中实现正反转控制、电流和转速的闭环控制等。在本系统当中使用了 TMS320LF2407 的两类中断:定时器中断和捕捉中断。在前者的服务子程序中主要实现对电机不同的控制方式,包括电流和速度的控制,是以控制 PWM 波输出的形式来完成的;后者主要用于电机速度的估计和换相。整体程序设计采取模块化的思想,让子程序完成固定的功能,互相之间实现关联最小化,通过变量和标志来实现参数传递,这样是程序的完善和加强更容易,实现不同控制方式的转变更加简单。

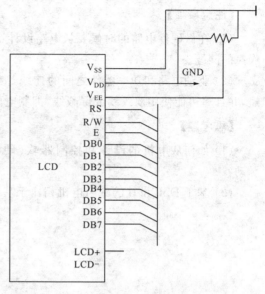

图 3-27　显示电路

无论以什么语言进行程序设计,都需要一个主程序作为控制执行的载体,而在本节这样比较复杂的控制程序当中,实现模块化编程很重要,因而在主程序中主要完成相关背景操作,重要的工作模块通过子程序的调用实现功能,以便协调实现各种期望的控制要求。本设计的输入、输出、故障处理、以及最重要的控制算法部分都是通过子程序调用以及中断服务子程序来实现的,全部控制程序功能和结构如图 3-28 所示。

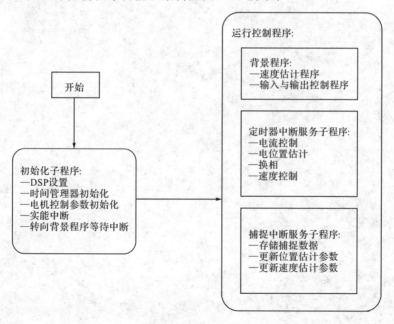

图 3-28　开关磁阻电机控制程序功能与结构

【注意事项】

（1）在做硬件电路的时候要从电路设计、元器件选择、结构工艺布局等方面，考虑抑制噪声的问题。

（2）驱动电路和功率器件之间的连线，要使功率器件和 SR 电机之间的连线要尽可能短，并且尽可能使用双绞线或屏蔽线，抑制电磁干扰。

【思考题】

（1）如何从电机的设计和控制器软、硬件两方面来提高系统效率、降低噪音和转矩脉动？

（2）基于 DSP 设计的磁阻电机相比于基于单片机的控制系统有哪些优点？

第4章　步进电机及其控制实验

本章主要讲述步进电机及其控制技术的相关内容。步进电机是伺服系统的执行元件，从原理上讲步进电机是一种低速同步电机，只是由于驱动器的作用，使之步进化、数字化。开环运行的步进电机能将数字脉冲输入转换为模拟量输出。闭环自同步运行的步进电机系统是交流伺服系统的一个重要分支，基于步进电机的特征，采用直接驱动方式，可以消除传统驱动方式中的间隙、摩擦等不利因素，增加伺服刚度从而显著提高伺服系统的终端合成速度和定位精度。

4.1　步进电机的结构与工作原理

步进电机是一种专门用于位置和速度精确控制的特种电机。步进电机的最大特点是其"数字性"，对于微电脑发过来的每一个脉冲信号，步进电机在其驱动器的推动下运转一个固定角度(简称一步)。如接收到一串脉冲步进电机将连续运转一段相应距离，同时可通过控制脉冲频率，直接对电机转速进行控制。由于步进电机工作原理易学易用，成本较低，电机和驱动器不易损坏，非常适合于微电脑和单片机控制，因此近年来在各行各业的控制设备中获得了越来越广泛的应用。

步进电机的主要技术参数有以下几个：

(1) 步距角

步距角是每给一个脉冲信号电机转子所转的角度。目前国产商品步进电机常用步距角为 $0.36°$、$0.6°$、$0.72°$、$0.75°$、$0.9°$、$1.2°$、$1.5°$、$1.8°$、$2.25°$、$4.5°$ 等。

(2) 精度

精度是指实际的步距角与理论的步距角之间的差值，又称为静态步距角误差，通常用理论步距角的百分比或绝对值来衡量。

(3) 定位转矩

定位转矩是指步进电机通电但没有转动时，定子锁住转子的力矩。通常反应式步进电机的定位转矩为零，混合式步进电机有一定的定位转矩。由于步进电机的输出力矩随速度的增大而不断衰减，输出功率也随速度的增大而变化，所以定位转矩就成为了衡量步进电机最重要的参数之一。

(4) 运行频率

步进电机启动后，控制脉冲频率连续上升时保证不失步所达到的最高频率称为运行频率。

（5）额定电流

电机转动时每一相绕组允许通过的电流称为额定电流。

（6）额定电压

驱动电源供给的电压称为额定电压，一般不等于加在绕组两端的电压。

4.1.1　步进电机的结构形式

步进电机有多种不同的结构形式，从广义上讲，步进电机分为反应式（variable reluctance，VR）、永磁式（permanent magnet，PM）和混合式（hybrid stepping，HS）等，如图 4-1 所示。

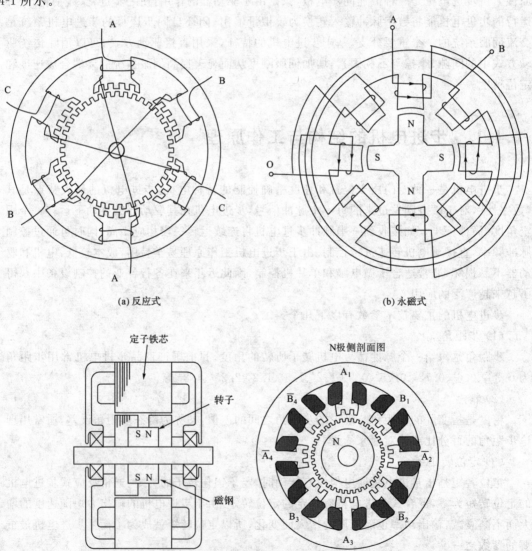

(a) 反应式　　　　　　　　　　　　　　(b) 永磁式

(c) 混合式

图 4-1　步进电机的结构形式

（1）反应式步进电机

定子上有绕组、转子由软磁材料组成。结构简单、成本低、步距角最小可达 1.2°，但动态性能差、效率低、发热大，可靠性难保证。

（2）永磁式步进电机

永磁式步进电机的转子用永磁材料制成，转子的极数与定子的极数相同。其特点是动态性能好、输出力矩大，但这种电机精度差，步矩角大（一般为 7.5° 或 15°）。

（3）混合式步进电机

混合式步进电机综合了反应式和永磁式的优点，其定子上有多相绕组，转子上采用永磁材料，转子和定子上均有多个小齿以提高步矩精度。其特点是输出力矩大、动态性能好，步矩角小，但结构复杂、成本相对较高。

经过近几十年的迅速发展，逐渐形成以混合式和磁阻式为主的格局。混合式步进电机最初作为一种低速永磁同步电机而设计，它是在永磁和变磁阻原理共同作用下运行的，总体性能综合了两者的优点，动态性能好，是工业应用最为广泛的步进电机。

目前混合式步进电机主要应用于要求较高分辨率的开环定位系统和低速开环调速系统，其结构简单、成本低，至今还没有更合适的取代产品。但开环控制使得系统存在振荡区，在使用时必须避开振荡点，否则速度波动很大，严重时可能导致失步，同时启动受到限制，一般要通过控制外加的速度按照一定的升速规律实现启动，必须有足够长的升速过程，这导致它在速度变化率较大的场合可能失步或堵转，所以一般不能满载运行，必须留有足够的余量，这导致电机的容量得不到充分利用。开环控制一般无法实现功角控制，定子电流中有很大的无功电流成分，加大了电机的损耗，所以它的效率较低，这些问题促进了混合式步进电机闭环驱动控制系统的研究。目前混合式步进电机的高性能控制策略的研究相对滞后，这是由于混合式步进电机的结构特殊，不同于一般类型的电机，内部各状态变量高度非线性且相互耦合，难以用易于控制应用的简单数学模型表述，传统的经典的控制理论无法有效应对系统中的不确定信息。理论与实践均表明，采用经典控制理论的步进电机系统难以达到满意的控制效果，高性能的伺服系统需要现代控制理论的支持，对于混合式步进电机这类高度非线性强耦合的位置伺服执行元件，智能控制思想未来应用之导向。

4.1.2　步进电机的结构

步进电机的分解结构图如图 4-2 所示。

（1）反应式步进电机

目前，我国使用的步进电机多为反应式步进电机。在反应式步进电机中，有轴向分相和径向分相两种。轴向分相指的是电机各相绕组按轴向依次排列；径向分相指的是电机各相绕组按圆周依次排列。反应式步进电机又称为磁阻式步进电机，其典型结构如图 4-3 所示。步进电机同普通电机结构类似，主要包括定子和转子两大部分，其中定子分为定子铁芯和定子绕组。

定子铁芯由硅钢片叠成，定子上有 6 个磁极，

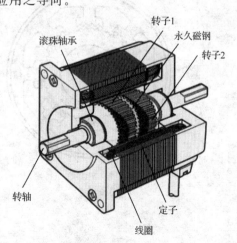

图 4-2　步进电机分解结构图

每个磁极上又各有 5 个均匀分布的矩形小齿,在直径方向上相对的两个齿上的线圈串联在一起,构成一相控制绕组。若绕组通电,便形成一组定子磁极,其方向为 NS 极。在定子的每个磁极上,即定子铁芯上的每个齿上又开了 5 个小齿,齿槽等宽,齿间夹角为 9°,转子也是由叠片铁芯构成,转子上没有绕组,而是由 40 个矩形小齿均匀分布在圆周上,相邻两齿之间的夹角为 9°,与磁极上的小齿一致。此外,定子磁极上的小齿之间在空间位置上依次错开 1/3 齿距。当 A 相磁极上的小齿与转子上的小齿对齐时,B 相磁极上的齿刚好超前(或滞后)转子齿 1/3 齿距角,C 相磁极齿超前(或滞后)转子齿 2/3 齿距角。

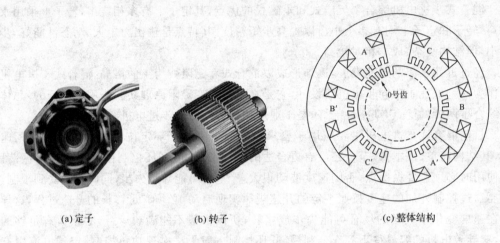

(a)定子   (b)转子   (c)整体结构

图 4-3   步进电机典型结构图

(2)混合式步进电机

两相混合式步进电机的定子上有 8 个绕有线圈的铁芯磁极,8 个线圈串接成 A、B 两相绕组,每个定子磁极边缘有多个小齿,一般多为 5 齿或 6 齿,如图 4-4 所示。

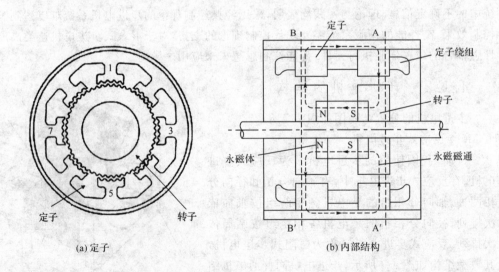

(a) 定子   (b) 内部结构

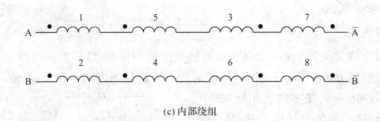

(c) 内部绕组

图 4-4　两相混合式步进电机的结构图

转子由两段有齿环形转子铁芯、装在转子铁芯内部的环形磁钢及轴承、轴组成。将环形磁钢沿轴向充磁,两段转子铁芯的一端呈 N 极性,另一端呈 S 极性,分别称之为 N 段转子和 S 段转子。转子铁芯的边缘加工有小齿,一般为 50 个,齿距为 7.2°。两段转子的小齿相互错开 1/2 齿距。

4.1.3　步进电机的工作原理

1. 反应式步进电机

当某相绕组通电时,对应的磁极就会产生磁场,并与转子形成磁路。若此时定子的小齿与转子的小齿没有对齐,则在磁场的作用下,转子转动一定的角度使转子齿与定子齿对应。由此可见,错齿是促使步进电机旋转的根本原因。例如,在单三拍运行方式中,当 A 相控制绕组通电,而 B、C 相都不通电时,由于磁通具有力图走磁阻最小路径的特点,所以转子齿与 A 相定子齿对齐。若以此作为初始状态,设 A 相磁极中心磁极的转子齿为 0 号齿,由于 B 相磁极与 A 相磁极相差 120°,且 120°/9° = 13.333,不为整数,所以,此时 13 号转子齿不能与 B 相定子齿对齐,只是靠近 B 相磁极的中心线,与中心线相差 3°。如果此时突然变为 B 相通电,而 A、C 相都不通电,则 B 相磁极迫使 13 号小齿与之对齐,整个转子就转动 3°。此时称电机走了一步。

同理,我们按照 A → B → C → A 顺序通电一周,则转子转动 9°。转速取决于各控制绕组通电和断电的频率(即输入脉冲频率),旋转方向取决于控制绕组轮流通电的顺序。如上述绕组通电顺序改为 A → C → B → A → …,则电机转向相反。

这种按 A → B → C → A → … 运行的方式称为三相单三拍。"三相"是指步进电机具有三相定子绕组,"单"是指每次只有一相绕组通电,"三拍"是指三次换接为一个循环。

此外,三相步进电机还可以以三相双三拍和三相六拍方式运行。三相双三拍就是按 AB → BC → CA → AB → … 方式供电。与三相单三拍运行时一样,每一循环也是换接三次,共有三种通电状态,不同的是每次换接都同时有两相绕组通电。三相六拍的供电方式是 A → AB → B → BC → C → CA → A → … 每一循环换接六次,共有六种通电状态,有时只有一相绕组通电,有时有两相绕组通电。

磁阻式步进电机的步距角可由如下公式求得,即

$$Q = \frac{360°}{M_c C Z_r} \tag{4-1}$$

式中　　M_c—— 控制绕组相数;

　　　　C—— 状态系数,三相单三拍或双三拍时 $C = 1$,三相六拍时 $C = 2$;

Z_r——转子齿数。

2. 混合式步进电机

定子上有四个绕有线圈的磁极（齿），相对磁极的线圈串联 组成两相绕组。由于同一相绕组两个线圈绕线的方向相反，通过同一电流时所产生的磁场方向也相反。电流从相反方向流过同一相绕组产生的磁场方向也相反。转子由两段永磁体组成，一段呈 N 极性，一段呈 S 极性。每段永磁体有 3 个齿，齿距为 120°，N 极齿和 S 极齿彼此错开 1/2 齿距，内部连接图如图 4-5 所示。

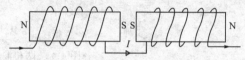

图 4-5　步进电机工作原理图

在绕组不通电时，由于磁通总是沿磁阻最小的路径通过，磁通从 N 极性转子经定子极回到 S 极性转子。由于转子磁场的吸引作用，当外力力图使轴转动时，会有一个反向力矩阻止这种转动，称为自锁（detent）力矩。不通电时步进电机的状态图如图 4-6 所示。

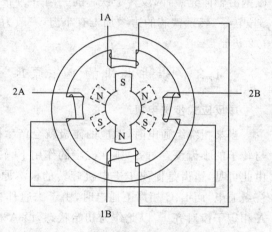

当步进电机处于单四拍工作状态时，其状态图如图 4-7 所示。初始状态，A 相通电产生保持力矩；B 相通电，定子磁场旋转 90°，吸引转子旋转 1/4 齿距（30°）；$\overline{A}$ 相、$\overline{B}$ 相、A 相通电，定子磁场各旋转 90°，各吸引转子旋转 1/4 齿距（30°）；4 步一个循环后共转过一个齿距

图 4-6　不通电时步进电机状态图

120°，12 步后转子旋转一周。每一次仅一相绕组通电，四拍一个循环，称之为单四拍工作状态。

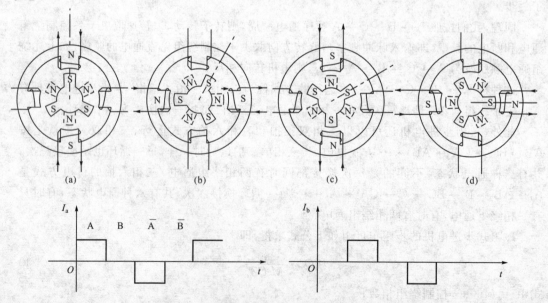

图 4-7　单四拍工作状态图

　　当步进电机处于双四拍工作状态时,其状态图如图 4-8 所示。初始状态,A 相、B 相同时通电,由于两个定子齿的吸引,转子移动 1/8 齿距 15°,停在一个中间的位置;B $\overline{A}$ 相通电,定子磁场旋转 90°吸引转子旋转 1/4 齿距 30°;$\overline{A}$ $\overline{B}$、$\overline{B}$A、AB 各相通电,定子磁场各旋转 90°,各吸引转子旋转 1/4 齿距 30°;4 步一个循环后共转过一个齿距 120°,12 步后转子旋转一周;每一次两相绕组通电,四拍一个循环,称之为双四拍工作状态。因为两个线圈同时通电,产生的力矩比单四拍要大。

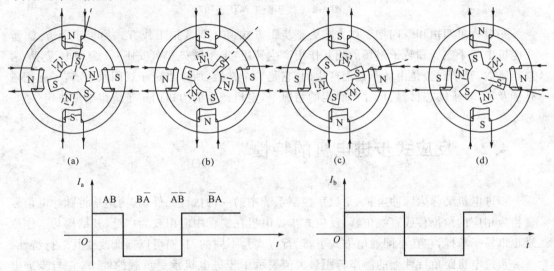

图 4-8　双四拍工作状态图

　　在单四拍工作方式基础上,在每两个单拍之间插入一个双拍工作状态,就成为单、双八拍工作方式。交替使一个线圈和两个线圈通电,每一步转子旋转 1/8 齿距即 15°,经过这 8 拍以后,转子转过一个齿距 120°。旋转一周需 24 步。单、双八拍工作方式的缺点是产生"强、弱步"的现象,可利用的力矩被弱步力矩所限制,力矩的波动较大。为了消除"强、弱步"现象,并使电机按强步力矩输出,可以在弱步时绕组通以两倍的电流,对弱步力矩进行补偿。优点是步距角小,电机运行将更平稳。

　　当步进电机处于微步距工作方式工作状态时,其状态图如图 4-9 所示。在双四拍工作方式中,当两相绕组通以相等的电流时,电机转子停在一个中间的位置。如果两相绕组电流不等,转子位置将朝电流大的定子极方向偏移。利用这个现象我们可使电机工作在微步距方式:将两相绕组中的电流分别按正弦和余弦的轮廓呈阶梯式变化。则每个整步距就分成了微步距。微步距方式的步距角更小,将使电机运行更加平稳。

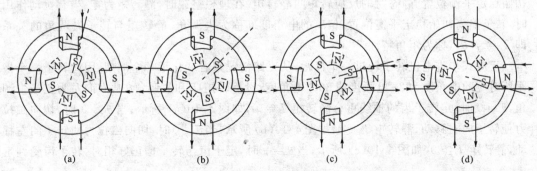

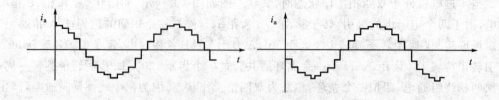

图 4-9　微步距工作状态图

一般称单四拍和双四拍工作方式为整步距方式;单、双八拍工作方式为半步距方式。步进电机中定子磁场和转子磁场的相互作用产生转矩:定子磁势 IW(安匝),I 为相电流,W 为绕组匝数。转子磁势是由转子磁钢产生的,它是一个常数。所以当定子线圈匝数、转子磁钢磁性能及定、转子铁芯材料、尺寸已确定的情况下,电机产生的力矩由定子绕组电流决定。

4.2　反应式步进电机的特性

步进电机又称为脉冲电机,是数字控制系统中的一种执行元件,其功用是将脉冲电信号变换为相应的角位移或直线位移。反应式步进电机在实际中应用较为广泛,其结构与工作原理也也易于掌握,它在不同通电方式下,运行方式是不同的,我们可以据此改变其运行特性。

步进电机距角特性上的静态转距最大值表示了步进电机承受负载的能力,它与步进电机很多特性的优劣有直接关系;另外,也与通电方式有关。步进电机转动时所产生的最大输出转距 T 是随着脉冲频率 f 的升高而减小的,从而使其带负载能力下降到一定控制脉冲频率下,步进电机可能出现振荡与失步现象,严重影响步进电机的运行,因此要严格防止这种情况发生。

由于步进电机的运行受输入脉冲控制,可以采用开环控制,但在高精度系统中,为防止它出现振荡与失步现象,常采用闭环控制方式。

4.2.1　反应式步进电机的静态特性

矩角特性是指不改变各相绕组的通电状态,即一相或几相绕组同时通以直流电流时,电磁转矩与失调角的关系。

步进电机的一相或几相控制绕组通入直流电且不改变它的通电状态,这时转子将固定于某一平衡位置上保持不动,称为静止状态,简称静态。在空载情况下,转子的平衡位置称为初始稳定平衡位置。静态时的反应转矩叫静转矩。在理想空载时,静转矩为零。当有扰动作用时,转子偏离初始稳定平衡位置,偏离的电角度 θ 称为失调角。静转矩与转子失调角的关系即 $T = f(\theta)$,称为矩角特性。

反应式步进电机转子转过一个齿距,从磁路情况来看变化了一个周期,因此转子一个齿距所对应的电角度为 2π 电弧度或 $360°$ 电角度。设静转矩 T 和失调角 θ 从右向左为正当失调角,$\theta = 0$ 时,定转子齿的轴线重合静转矩 $T = 0$,如图 4-10(a) 所示;当 $\theta > 0$ 时,切向磁拉力使转子向右移动,静转矩 $T < 0$,如图 4-10(b) 所示;当 $\theta < 0$ 时,切向磁拉力使转子向左移动,静转矩 $T > 0$,如图 4-10(c) 所示;当 $\theta = \pi$ 时,定子齿与转子槽正好相对,转子齿受到定子相邻两个齿磁拉力作用,但大小相等、方向相反,产生的静转矩为零,即 $T = 0$,如图 4-13(d) 所示。

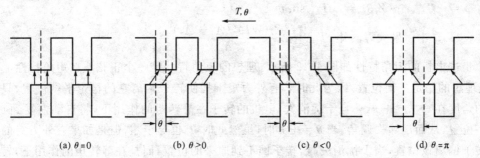

(a) $\theta = 0$　　　　(b) $\theta > 0$　　　　(c) $\theta < 0$　　　　(d) $\theta = \pi$

图 4-10　静转矩与转子位置的关系

反应式步进电机的静转矩由机电能量转换原理可推导出数学表达式,若不计电机磁路铁芯部分中磁场能量或磁共能变化的影响,当只有一相绕组通电时,储存在电机气隙中的磁场能量为

$$W_{\mathrm{m}} = \frac{1}{2} L I^2 \tag{4-2}$$

式中　　L—— 每相控制绕组的自感;

　　　　I—— 通入控制绕组中的电流。

当磁链保持不变,静转矩的大小等于磁场能量对机械角位移的变化率,即

$$T = \frac{\mathrm{d}W_{\mathrm{m}}}{\mathrm{d}\beta} \tag{4-3}$$

式中　　β—— 电机转子的机械角位移,用失调角(电角度)表示,即

$$\theta = Z_r \beta \tag{4-4}$$

相绕组的自感为

$$L = \frac{w\,\Phi}{I} = W^2 \Lambda \tag{4-5}$$

式中　　W—— 每相控制绕组的匝数;

　　　　Φ—— 每相控制绕组的磁通;

　　　　Λ—— 每相控制绕组对应的磁导。

如果略去磁导中高次谐波的影响,步进电机的磁导可近似地绘出如图 4-11 所示的曲线。

当定转子的齿正好对齐时,气隙磁导最大,用直轴磁导 Λ_{d} 表示;当定子齿和转子槽相对时,气隙磁导最小,用交轴磁导 Λ_{q} 表示,其数学关系式为

$$\Lambda = \frac{1}{2}(\Lambda_{\mathrm{d}} + \Lambda_{\mathrm{q}}) + \frac{1}{2}(\Lambda_{\mathrm{d}} - \Lambda_{\mathrm{q}})\cos\theta \tag{4-6}$$

静转矩为

$$T = \frac{\mathrm{d}W_{\mathrm{m}}}{\mathrm{d}\beta} = \frac{1}{2}I^2 = \frac{\mathrm{d}L}{\mathrm{d}\beta} = \frac{1}{2}(WI)^2\,\frac{\mathrm{d}\Lambda}{\mathrm{d}\beta}$$

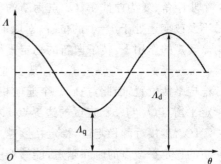

图 4-11　磁导变化曲线

$$=-\frac{Z_r}{4}(WI)^2(\Lambda_d-\Lambda_q)\sin(Z_r\beta)$$

$$=-T_{max}\sin(Z_r\beta)=-T_{max}\sin\theta \hspace{4cm}(4-7)$$

式中　　T_{max}—— 最大静转矩，$T_{max}=\dfrac{Z_r(WI)^2(\Lambda_d-\Lambda_q)}{4}$。

　　步进电机的矩角特性如图 4-12 所示。理想的矩角特性是一个正弦波在矩角特性上，$\theta=0$ 是理想的稳定平衡位置。因为此时若有外力矩干扰使转子偏离它的稳定平衡位置，只要偏离的角度在 $-\pi\sim+\pi$，一旦干扰消失，电机的转子在静转矩的作用下，将自动恢复到 $\theta=0$ 这一位置，从而消除失调角。当 $\theta=\pm\pi$ 时，虽然此时 T 也等于零，但是如果有外力矩的干扰使转子偏离该位置，当干扰消失时，转子回不到原来的位置，而是在静转矩的作用下，转子将稳定到 $\theta=0$ 或 2π 的位置上，所以 $\theta=\pm\pi$ 为不稳定平衡位置。$-\pi<\theta<\pi$ 的区域称为静稳定区。在这一区域内，当转子转轴上的负载转矩与静转矩相平衡时，转子能稳定在某一位置，当负载转矩消失，转子又能回到初始稳定平衡位置。

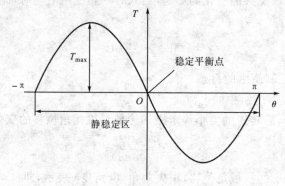

图 4-12　步进电机的矩角特性

4.2.2　反应式步进电机的动态特性

1. 步进电机的单步运行

　　步进电机的单步运行状态是指，步进电机在一相或多相控制绕组通电状态下，仅改变一次通电状态时的运行方式。

　　当 A 相控制绕组通电时，矩角特性如图 4-13 中的曲线 A 所示。若步进电机为理想空载，则转子处于稳定平衡点 O_A 处如果将 A 相通电改变为 B 相通电，那么矩角特性应向前移动一个步距角，变为曲线 B，O_B 点为新的稳定平衡点。由于在改变通电状态的初瞬，转子位置来不及改变还处于 $\theta=0$ 的位置，对应的电磁转矩却由 O 突变为 T_C（曲线 B 上的 C 点）。电机在该转矩的作用下，转子向新的稳定平衡位置移动，直至到达 O_B 点为止。对应它的静稳定区为 $(-\pi+\theta_{se})<\theta<(\pi+\theta_{se})$，即改变通电状态的瞬间，只要转子在这个区域内，就能趋向新的稳定平衡位置。因此，把后一个通电相的静稳定区称为前一个通电相的动稳定区；把初始稳定平衡点 O_A 与动稳定区的边界点 a 之间的距离称为稳定裕度。拍数越多，步距角越小，动稳定区就越接近静稳定区，稳定裕度越大，运行的稳定性越好，转子从原来的稳定平衡点到达新的稳定平衡点的时间越短，能够响应的频率也就越高。

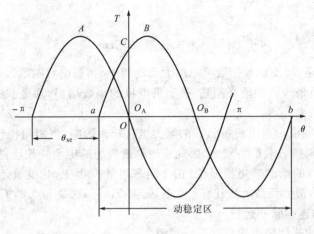

图 4-13 动态稳定区

2. 最大负载能力

动机带恒定负载时负载转矩为 T_{L1}，且 $T_{L1} < T_{st}$。若 A 相控制绕组通电，则转子的稳定平衡位置为图 4-14(a) 中曲线 A 上的 O'_A 点，这一点的电磁转矩正好与负载转矩相平衡。当输入一个控制脉冲信号，通电状态由 A 相改变为 B 相，矩角特性变为曲线 B，在改变通电状态的瞬间电机产生的电磁转矩 T_a 大于负载转矩 T_{L1}，电机在该转矩的作用下，转过一个步距角到达新的稳定平衡点 O'_B。

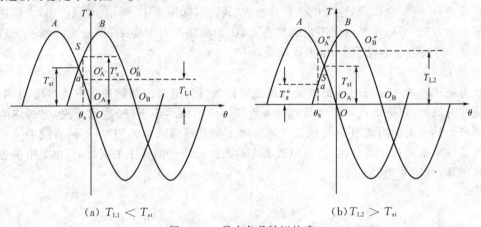

(a) $T_{L1} < T_{st}$　　　　　　　　(b) $T_{L2} > T_{st}$

图 4-14 最大负载转矩的确

如果负载转矩增大为 T_{L2} 且 $T_{L2} > T_{st}$，如图 4-14(b) 所示，则初始平衡位置为 O'_A 点。但在改变通电状态的瞬间，电机产生电磁转矩为 T''_a，由于 $T''_a < T_{L2}$，所以转子不能到达新的稳定平衡位置 O''_B 点，而是向失调角 θ 减小的方向滑动，电机不能带动负载作步进运行，这时步进电机实际上是处于失控状态。

由此可见，只有负载转矩小于相邻两个矩角特性交点 S 所对应的电磁转矩 T_{st}，才能保证电机正常的步进运行，因此把 T_{st} 称为最大负载转矩，也称为启动转矩。当然它比最大静转矩 T_{max} 要小。由图 4-14 可求得启动转矩：

$$T_{st} = T_{max} \sin\left(\frac{\pi - \theta_{se}}{2}\right) = T_{max} \cos\frac{\theta_{se}}{2} \tag{4-8}$$

由此可得

$$T_{st} = T_{max} \cos \frac{\pi}{N} = T_{max} \cos \frac{\pi}{mC} \tag{4-9}$$

可知当 T_{max} 一定,增加运行拍数可以增大启动转矩。当通电状态系数 $C = 1$ 时,正常结构的反应式步进电机最少的相数必须是三。如果电机的相数增多,通电状态系数较大时,最大负载转矩也随之增大。

此外,矩角特性的波形对电机带负载的能力也有较大影响。当矩角特性为平顶波时,T_{st} 值接近于 T_{max} 值电机带负载能力较大。因此步进电机理想的矩角特性应是矩形波。T_{st} 是步进电机作单步运行时的负载转矩极限值。由于负载可能发生变、化电机还要具有一定的转速。因而实际应用时,最大负载转矩比 T_{st} 要小,通常 $T_L = (0.3 \sim 0.5)T_{max}$。

（2）步进电机的连续脉冲运行

① 不同频率下的连续稳定运行和运行频率

现在讨论电机在不同频率下的连续稳定运行,即电源以某一固定频率连续地送入控制脉冲,电机运行了一段时间后,各个参数都稳定下来的情况。

步进电机在极低频率下运行时,运行情况为连续的单步运动。此时,控制脉冲的频率 f 较低,因而周期 T 较长,在控制脉冲作用下,转子将从 $\theta_e = 0$ 处一步一步连续地向新的平衡位置转动。此过程乃是一个衰减的振荡过程,最后趋向于新的平衡位置。

由于控制脉冲的频率低,在一个周期内转子来得及把振荡衰减得差不多,并稳定于新的平衡位置或其附近,而当下一个控制脉冲到来时,电机好像又从不动的状态开始,其每一步都和单步运行一样。所以说,这时电机具有步进的特征,如图 4-15 所示。必须指出,电机在这样情况下运行时,一般是处于欠阻尼的状态,因而振荡是不可避免的,但最大振幅不会超过步距角 θ_{be},因而不会出现丢步、越步等现象。

② 运行距频特性

步进电机作单步运行时的最大允许负载转矩为 T_q,但当控制脉冲频率逐步增加,电机转速逐步升高时,步进电机所能带动的最大负载转矩值将逐步下降。这就是说,电机连续转动时所产生的最大输出转矩 T 是随着脉冲频率 f 的升高而减少的,T 与 f 两者间的关系曲线称为步进电机运行矩频特性,这是电机诸多动态性能特性曲线中最重要的,也是电机选择的根本依据,如图 4-16 所示。

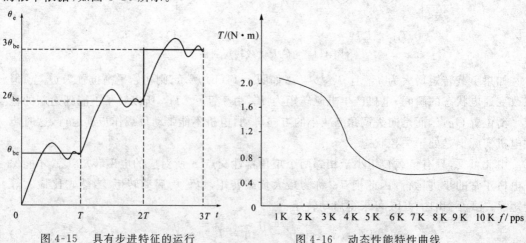

图 4-15　具有步进特征的运行　　　　　　　图 4-16　动态性能特性曲线

（3）运行频率特性

其他性能特性还有惯频特性、启动频率特性等。电机一旦选定，电机的静力矩确定，而动态力矩却不然，电机的动态力矩取决于电机运行时的平均电流（而非静态电流），平均电流越大，电机输出力矩越大，即电机的频率特性如图 4-17 所示。

其中，曲线 3 电流最大或电压最高；曲线 1 电流最小或电压最低，曲线与负载的交点为负载的最大速度点。要使平均电流大，尽可能提高驱动电压，采用小电感大电流的电机。

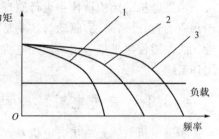

图 4-17　电机的频率特性

（4）步进电机启动过程和启动频率（突跳频率）及特性

若步进电机原来静止于某一相的平衡位置上，当一定频率的控制脉冲送入时，电机就开始转动，但其转速不是一下子就能达到稳定数值的，有一暂态过程，这就是启动过程。在一定负载转矩下，电机正常启动时（不丢步、不失步）所能加的最高控制频率称为启动频率或突跳频率，这也是衡量步进电机快速性能的重要技术指标。启动频率要比连续运行频率低得多。这是因为电机刚启动时转速等于 0，在启动过程中，电磁转矩除了克服负载阻转矩外，还要克服转动部分的惯性矩 $\dfrac{J\mathrm{d}^2\theta}{\mathrm{d}t^2}$（$J$ 是电机和负载的总惯量），所以启动时电机的负担比连续运转时重。如果启动时脉冲频率过高，则转子的速度就跟不上定子磁场旋转的速度，以致第一步完了的位置落后于平衡位置较远，以后各步中转子速度增加不多，而定子磁场仍然以正比于脉冲频率的速度向前转动。启动时的矩频和惯频特性如图 4-18 所示。

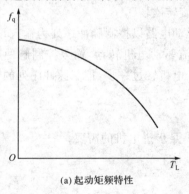

(a) 起动矩频特性

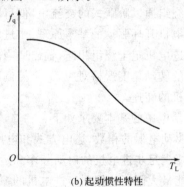

(b) 起动惯性特性

图 4-18　启动时的矩频和惯频特性

因此，转子位置与平衡位置之间的距离越来越大，最后因转子位置落到动稳定区以外而出现丢步或振荡现象，从而使电机不能启动为了能正常启动，启动频率不能过高，一旦电机启动以后，如果再逐渐升高脉冲频率，由于这时转子角加速度较小，惯性矩不大，因此电机仍能升速。显然连续运行频率要比启动频率高。

4.3　步进电机控制器的构成

步进电机的结构设计和运行原理决定了它需要与驱动控制环节组成伺服单元,以应用于相应场合。严格来说,驱动与控制是两个不同的单元,但它们又是密不可分的。步进电机在近代的发展使原来单一驱动器加电机组成的开环系统逐渐演变为控制器、驱动器加电机的闭环系统。

4.3.1　步进电机的驱动技术

步进电机系统是由步进电机及其驱动电路构成的,近二十年来,电力电子技术、微电子技术和微处理器技术的飞速发展,极大地推动了步进电机开环驱动技术的进步,并使之在不断完善中趋于成熟。步进电机驱动技术的发展,在使得步进电机系统获得更加广泛应用的同时,也使得步进电机与其驱动电路装置日益成为不可分割的一个整体。步进电机驱动电路的设计与改进,需要对步进电机运行机制和具体结构设计透彻了解与深入分析。同时,步进电机系统的性能和运行品质在很大程度上取决于其驱动电路的结构与性能,同一台电机可以有不同类型的驱动电路,但其性能含有较大差异。

步进电机开环驱动的基本原理与普通永磁同步电机是相通的。三相永磁同步电机定子绕组通以对称三相正弦直流电,产生旋转的定子磁场,带动永磁转子旋转并输出力矩带动负载运动,步进电机具有步进运行特性。正是凭借其步进特性,其定子磁场也应该是步进式旋转的,即定子磁场的旋转不再是连续的,而是一步一步跃进的。按照一定的顺序给步进电机定子各相绕组通以阶跃式的交流电,便可产生"步进旋转磁场"。

步进电机开环驱动的基本原理:步进电机开环驱动电路以控制脉冲序列为输入,输出端直接与步进电机定子绕组相连,输出适当的电压、电流驱动电机转动,输入控制脉冲序列与步进电机的转动角度严格对应,一个控制脉冲对应于电机转过一步,控制脉冲序列的频率从而控制电机的转速。

对驱动电源的基本要求如下:

(1) 驱动电源的相数、通电方式和电压、电流都满足步进电机的需要;

(2) 要满足步进电机的启动频率和运行频率的要求;

(3) 能最大限度地抑制步进电机的振荡;

(4) 工作可靠,抗干扰能力强;

(5) 成本低,效率高,安装和维护方便。

驱动控制器的组成如图 4-19 所示。步进电机的驱动控制器主要由脉冲发生器、脉冲分配器和脉冲放大器(也称功率放大器)三部分组成。

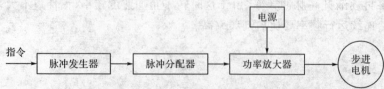

图 4-19　驱动控制器的组成

脉冲发生器是一个脉冲频率在几赫到几万赫内可连续变化的脉冲信号发生器。最常见的有多谐振荡器和由单结晶体管构成的张弛振荡器两种。

脉冲分配器根据指令把脉冲按一定的逻辑关系加到各相绕组的功率放大器上，使电机按一定方式运行，实现正、反转和定位。

4.3.2　步进电机的控制技术

对于步进电机，控制系统就像是它的中枢神经系统，指挥着它的每个动作。步进电机的控制方式经过多年的发展，形成了升频升压控制、恒流斩波控制、细分控制、矢量控制、位置、速度反馈控制等控制方式，以下分别加以介绍。

1. 升频升压控制

升频升压控制方式是通过采用 Buck 电路等变换电路，使加在电机绕组上的电压随运行频率的升高而升高，从而在一定的升频升压频域内保持绕组电流和牵出电磁转矩基本恒定。利用这种控制方式可以降低电机低速运行时的相绕组供电电压，从而降低低频振动，改善步进电机的低频性能。在五相混合式步进电机控制中经常采用该方式。图 4-20 给出了 Buck 升频升压控制系统原理图。但是目前升频升压控制主要是开环控制，因而主要存在以下问题：电压开环控制，易受供电电压波动影响；电机绕组电流由驱动器输出电压与绕组电阻决定，因此电流易受环境（电源电压、电机参数等）影响，导致电机发热或转矩下降；由于电机电阻很小，低速运行时驱动器输出电压必须较小才能不致产生过电流，而过低的绕组电压使得电机的快速响应性较差，驱动器适应性差，针对不同规格型号的电机须相应调整。

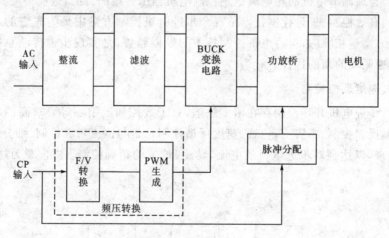

图 4-20　Buck 升频升压控制系统原理图

2. 恒流斩波控制

恒流斩波控制方式是目前步进电机控制的主流方式。如图 4-21 所示，这种驱动方式采用脉冲调制（PWM）等方式，使相绕组电流无论在低频或高频段工作时都保持基本恒定。由于电机的电磁转矩只与电机相绕组电流相关，所以恒流斩波控制技术能够保证电机牵出转矩的平均值基本恒定。同时，电机的高频响应得以提高，共振现象减弱。

3. 细分控制

细分控制又称微步控制。这种控制方式与前几种控制方式不同,前几种驱动技术是从电流波形及矩角特性等方面来改善驱动性能,没有提高步进电机的固有分辨率,而细分驱动是从另一个角度去提高步进电机的运行性能,它针对步进电机的分辨率不高,精度不够,动态中有失步及振动、噪声大等缺点而产生的一种比较特殊而有效的驱动控制方式。其实质是步进电机在输入脉冲切换时,只改变相应绕组中的电流的一部分,即对相电流实施微量控制,利用各相电流的阶梯变化产生一系列的假想的磁极对,则转子对应的每步运动也相应只是原步距角的一部分,即达到细分的目的。

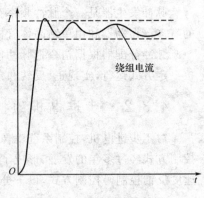

图 4-21   恒流斩波控制下电机绕组电流

利用细分控制能够使步进电机的分辨率大大提高,同时也能够有效地降低步进电机低频运转时的振动和噪音。细分技术的产生得益于现代电力电子技术的深入发展,也使步进电机控制进入了一个新的空间,当今步进电机控制器的高端产品基本上都采用了该技术。

4. 矢量控制

矢量控制技术是现在步进电机控制领域内又一新兴的控制方式。该方式依托当今飞速发展的单片机嵌入式系统及采用较为复杂的数字算法的 DSP 技术对步进电机的相电流进行矢量解祸,合理调节电机的相电流达到控制电机输出转矩的目的,进而最终实现对电机的速度、位置的有效控制。矢量控制技术是现今步进电机控制方案中最为先进的,同交流电机的矢量控制方案遥相呼应,符合电机控制技术的发展趋势,是实现步进传动系统微精进给、高速与超高速驱动的新的选择。

5. 位置、速度反馈控制

如前述,步进电机开环控制存在诸多缺陷,对于数控加工中心等要求高的场合,必须引入位置、速度反馈控制。事实上,位置、速度反馈控制总是与恒流斩波控制、细分控制、矢量控制等结合起来,以达到对步进电机的电流、转速、位置的精确控制。图 4-22 为这种系统的原理框图。

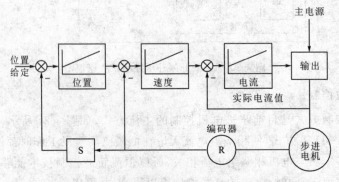

图 4-22   伺服系统位置、速度反馈控制原理框图

4.3.3　步进电机控制系统类型

1. 基于电子电路控制

步进电机受脉冲信号控制,电脉冲信号的产生、分配、放大全靠电子元器件的动作来实现。由于脉冲控制信号的驱动能力一般都很弱,因此必须有功率放大驱动电路。步进电机与控制电路、功率放大驱动电路组成一体,构成步进电机驱动系统。此种控制电路设计简单,功能强大,可实现一般步进电机的细分任务。这个系统包括三部分:脉冲信号控制器、脉冲信号分配器、功率放大驱动电路。系统组成如图 4-23 所示。

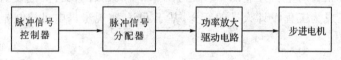

图 4-23　基于电子电路控制系统图

此系统设计可为开环控制,也可为闭环控制。开环时,其平稳性好,成本低,设计简单,但未能实现高精度细分。闭环控制是不断直接或间接地检测转子的位置和速度,然后通过反馈和适当的处理,自动给出脉冲链,使得步进电机每一步响应受控于信号的命令,从而只要控制策略正确,电机不会轻易失步。采用闭环控制,即能实现高精度细分,又能实现无级调速。该系统多通过一些大规模集成电路来控制其脉冲输出频率和脉冲输出数,功能相对较单一,如需改变控制方案,必须重新设计,灵活性不高。

2. 基于 PLC 控制

PLC 即可编程控制器,是一种工业上用的计算机。PLC 作为新一代的工业控制器,由于具有通用性好、实用性强、硬件配套齐全、编程简单易学和可靠性高等优点而广泛应用于各行业的自动控制系统中。步进电机控制系统由 PLC、环形分配器和功率驱动电路组成。控制系统采用 PLC 来产生控制脉冲。通过 PLC 编程输出一定数量的方波脉冲,控制步进电机的转角进而控制伺服机构的进给量,同时通过编程控制脉冲频率来控制步进电机的转动速度,进而控制伺服机构的进给速度。环形脉冲分配器将 PLC 输出的控制脉冲按步进电机的通电顺序分配到相应的绕组。PLC 控制的步进电机可以采用软件环形分配器,也可采用硬件环形分配器。采用软件环形分配器占用 PLC 资源较多,特别是步进电机绕组相数大时,对于大型生产操作流程应用价值较大。

采用硬件环形分配器,虽然硬件结构较复杂,但可以节省 PLC 资源,目前市场有多种专用芯片可以选用。步进电机驱动电路将 PLC 输出的控制脉冲放大,达到比较大的驱动能力,驱动步进电机采用软件产生控制步进电机的环形脉冲信号,并用 PLC 中的定时器产生脉冲信号,可省去步进电机驱动电路。系统组成如图 4-24 所示。

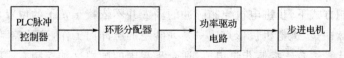

图 4-24　基于 PLC 控制系统图

3.基于单片机控制

基于单片机实现步进电机控制也是目前重要的一种手段。步进电机本身就是离散型自动化执行元件,所以它特别适合采用单片机及嵌入式系统控制。同专用 IC 相比,单片机有更大的灵活性,更易实现复杂的控制策略。随着微处理器技术的飞速发展,单片机的性价比越来越高,利用单片机实现步进电机控制将形成趋势。

4.基于 DSP 控制

DSP(数字信号处理器)是使电机实现全数字控制的核心。以 TI 公司为首的 DSP 生产商最近开发出了多款针对电机控制的 DSP 芯片。DSP 以其极高的计算速度、优越的性价比、亲和的开发环境正成为工程设计人员的新宠。基于 DSP 实现步进电机控制是一个极具开发价值的发展方向。

4.3.4　步进电机的控制

1.步进电机的开环控制

步进电机的最广泛应用是开环系统,现在工业大量使用的也是开环系统,步进电机的设计思想是使它开环运动的精度高于其他种类的电机,其运动速度与控制脉冲频率严格的正比关系,转过的角度与控制脉冲的个数呈严格的正比关系。现代的步进电机系统通常都有绕组电流的简单闭环控制,如常见的微步、恒总流、恒相流驱动器等,这些系统中电流的综合值是事先设定的,不是由外环控制器实时给定的,步进电机开环和闭环控制的差别在于恒定的变量不同。在开环中电机的转速由控制脉冲的频率决定,电机的超前角一直在自动调节中直至电机的力矩和负载力矩相平衡。对于闭环来说,超前角由控制器根据转速大小及负载情况给定,组成一个简单的步进电机开环系统并不难,只需要环形分配器加上功率模块就可实现,但要使之具有较高的性能,与闭环控制一样,也需要对步进电机控制模块进行优化及改进。

步进电机最简单的控制方式是开环控制系统,其原理框图如图 4-25 所示。

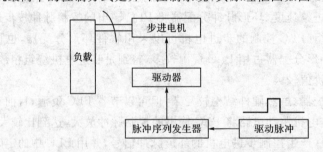

图 4-25　开环控制原理框图

在这种控制方式下,步进电机控制脉冲的输入并不依赖于转子的位置,而是按一固定的规律发出控制脉冲,步进电机仅依靠这一系列既定的脉冲而工作,这种控制方式由于步进电机的独特性而比较适合于控制步进电机,适合于我国的国情这种控制方式的特点是:控制简单、实现容易、价格较低,这种控制方式特别在开环控制中,负载位置对控制电路没有反馈,因此,步进电机必须明确地响应每次励磁的变化。如果励磁变化太快,电机不能移动到新的位置,那么实际负载位置与理想位置就会产生一个偏差。在负载基本不变时,控制脉冲序列的产生较为简单,但是在负载的变化可能较大的场合,控制脉冲序列的产生就很难照顾全面,就有可能出现失步等现象。目前,随着微机的应用普及,依靠微机可以实现一些较复杂的步进电机的控制脉冲序列的产生。

但是,这种控制方式也有如下的缺点:电机的输出转矩和速度不仅与负载有很大的关系,而且在很大程度上还取决于驱动电源和控制的实现方式,精度不高,有时还会有失步、振荡等现象。但由于它较易实现,价格低廉,故目前所采用的控制方式大多数为开环控制。

2. 步进电机的闭环控制

步进电机的主要优点之一是能在开环系统中工作。这种运行方式由于控制线路经济简单,所以不需要反馈编码器和相应的电子线路。遗憾的是,在开环控制下,步进电机的性能却常常受到限制。如果没有反馈,就无法知道电机是否丢失脉冲,或者电机的转速响应是否过渡摆动,步进电机的开环性能受到限制。采用位置反馈和速度反馈来确定与转子位置响应的正确相位转换,可以大大改进步进电机的性能,获得更加精确的位置控制和平稳得多的转速。现在几种实用价值的步进电机闭环控制方法,其中一种是利用步进电机的闭环伺候系统的方框图,参考输入信号用电压形式表示,电压形式的误差信号由压控振荡器(VCO)转换成驱动步进电机的脉冲链,能消除误差。步进电机使用锁相环原理也能实现转速控制,锁相环路的目的是使步进电机能跟踪输入的脉冲链,绝大多数步进电机闭环控制系统都使用脉冲负反馈来响应电机的位移,电机开始由输入指令的一个脉冲启动,后续的脉冲则由编码器装置产生,步进电机系统中的闭环不产生稳定性的问题。事实上,系统的稳定性还得到了改善。

由于步进电机开环控制系统有精度不高、丢步等缺点,故在精度要求较高的场合可以采用步进电机的闭环控制系统,其原理框图如图 4-26 所示。

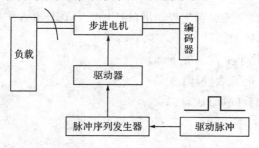

图 4-26　闭环控制原理框图

这种控制方式是直接或间接地检测出转子(或负载)的位置或速度,然后通过反馈和适当的处理,自动地给出步进电机的驱动脉冲序列,这个驱动脉冲序列是根据负载或转子的位置而随时变化的。这种控制方式的实现方法很多,在要求精度很高的场合,结合微步驱动技术及微型计算机控制技术,可以实现很高的位置精度要求。

4.4　步进电机的单片机控制实验

【实验目的】

本实验利用 8051 单片机达到控制步进电机的启动、停止、正转、反转、点动、转过指定角度、状态显示和数据指示的目的，使步进电机控制更加灵活。步进电机驱动芯片采用 ULN2003A，ULN2003A 具有大电流、高电压、外电路简单等优点。利用 ZLG7290 模块驱动 LED 数码管显示速度设定值。通过这个单片机控制系统的设计来掌握步进电机的工作原理和驱动过程以及 LED 显示原理和 ZLG7290 模块的使用方法，用 LED 数码管显示实验要求的状态结果，设计电路的硬件接线图和实现上述要求的程序。

【预习要点】

（1）什么是 57BYGHD251 步进电机？了解其结构与工作原理。

（2）学习 51 单片机的使用方法，掌握单片机程序基本编程方式。

（3）什么是 ULN2003A 芯片？它的基本功能及在电路中的连接方式如何？

（4）什么是 ZLG7290 芯片？它的基本功能及在电路中的连接方式如何？

【实验项目】

（1）实现步进电机的脉冲分配。

（2）实现步进电机按规定的速度正转、反转，转过指定的角度，要有点动功能。所有命令通过键盘输入，步进电机在运行过程中要有状态和数据指示。

【实验设备及仪器】

（1）MEL 系列电机教学实验台主控制屏（MEL-Ⅰ、MEL-ⅡA、B）

（2）步进电机 57BYGHD251

（3）直流稳压电源（位于主控制屏下部）

（4）直流电压、毫安、电流表（MEL-06）

（5）波形测试及开关板（MEL-05）

（6）ULN2003A 芯片

（7）ZLG7290 芯片

（8）51 单片机

【实验说明及操作步骤】

1. 实验器件介绍及原理

本实验采用单片机来控制步进电机，实现了软件与硬件相结合的控制方法。在单片机环境下，用 ULN2003A 驱动芯片驱动步进电机，用 ZLG7290 芯片作用下的按键控制步进电机的运行，从而达到实验要求。其控制框图如图 4-27 所示。

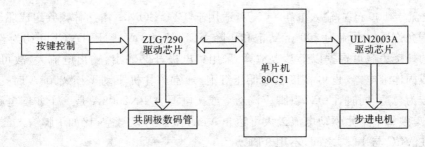

图 4-27　控制框图

2. 步进电机

（1）相关的技术指标

① 相数：指电机内部的线圈组数，目前常用的有二相、三相、四相、五相步进电机，本实验用的是四相步进电机。电机相数不同，其步距角也不同。

② 步距角：表示控制系统每发一个步进脉冲信号，电机所转动的角度。本实验程序运行前要先测量步进电机的步距角。

③ 拍数：完成一个磁场周期性变化所需脉冲数或导电状态，或指电机转过一个步距角所需脉冲数。本实验用四相八拍运行方式，为 A—AB—B—BC—C—CD—D—DA—A。

（2）工作原理

步进电机是一种将电脉冲转化为角位移的执行机构。当步进驱动器接收到一个脉冲信号时，它就驱动步进电机按设定的方向转动一个固定的角度（步距角）；同时可以通过控制脉冲频率来控制电机转动的速度和加速度，从而达到调速的目的。在非超载的情况下，电机的转速、停止的位置只取决于脉冲信号的频率和脉冲数，而不受负载变化的影响，即给电机加一个脉冲信号，电机则转过一个步距角。这一线性关系的存在，加上步进电机只有周期性的误差而无累积误差等特点，使得在速度、位置等控制领域用步进电机来控制变非常简单。

步进电机的驱动可以选用专用的电机驱动模块，比如 L298、FT5754 等，如图 4-28 所示。这类驱动模块接口简单，操作方便，它们既可以驱动步进电机，同时也可以驱动直流电机。本实验使用 ULN2003A 驱动器，下面介绍该芯片。

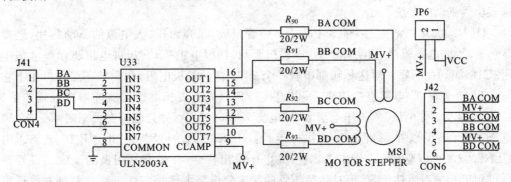

图 4-28　步进电机及其驱动电路

3. ULN2003A 芯片

ULN 是集成达林顿管 IC，内部还集成了一个消线圈反电动势的二极管，可用来驱动继电器，其原理图如图 4-29 所示。它是双列 16 脚封装，NPN 晶体管矩阵，最大驱动电压 ＝

50 V，电流 = 500 mA，输入电压 = 5 V，适用于 TTL COMS，由达林顿管组成驱动电路。它的输出端允许通过电流为 200 mA，饱和压降 VCE 约为 1 V，耐压 BVCEO 约为 36 V。用户输出口的外接负载可根据以上参数估算。采用集电极开路输出，输出电流大，故可直接驱动继电器或固体继电器，也可直接驱动低压灯泡。通常单片机驱动 ULN2003A 时，上拉 2 kΩ 的电阻较为合适，同时，COM 引脚应该悬空或接电源。ULN2003A 是一个非门电路，包含七个单元，单独每个单元驱动电流最大可达 350 mA，9 脚可以悬空。比如 1 脚输入，16 脚输出，负载接在 VCC 与 16 脚之间，不用 9 脚。

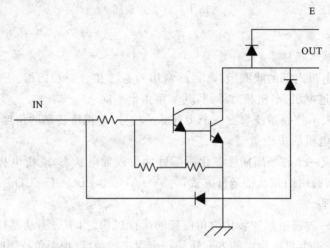

图 4-29   ULN2003A 原理图

ULN2003A 是大电流驱动阵列，多用于单片机、智能仪表、PLC、数字量输出卡等控制电路中。可直接驱动继电器等负载。输入 5VTTL 电平，输出可达 500 mA/50 V。ULN2003A 是高耐压、大电流达林顿陈列，由七个硅 NPN 达林顿管组成。ULN2003A 的每一对达林顿都串联一个 2.7 kΩ 的基极电阻，在 5 V 的工作电压下它能与 TTL 和 CMOS 电路直接相连，可以直接处理原先需要标准逻辑缓冲器。ULN2003A 是高压大电流达林顿晶体管阵列系列产品，具有电流增益高、工作电压高、温度范围宽、带负载能力强等特点，适应于各类要求高速大功率驱动的系统。

ULN2003A 内部由七个硅 NPN 达林顿管组成，是高耐压、大电流的驱动芯片。经常在显示驱动、继电器驱动、照明灯驱动、电磁阀驱动、伺服电机驱动、步进电机驱动等电路中使用。ULN2003A 的每一对达林顿都串联一个 2.7 kΩ 的基极电阻，在 5 V 的工作电压下它能与 TTL 和 CMOS 电路直接相连，可以直接处理原先需要标准逻辑缓冲器来处理的数据。ULN2003A 工作电压高，工作电流大，灌电流可达 500 mA，并且能够在关态时承受 50 V 的电压，输出还可以在高负载电流并行运行。ULN2003A 的封装采用 DIP-16 或 SOP-16。ULN2003A 可以驱动七个继电器，具有高电压输出特性，并带有共阴极的续流二极管使器件可用于开关型感性负载。每对达林顿管的额定集电极电流是 500 mA，达林顿对管还可并联使用以达到更高的输出电流能力。

显示电路主要包括大型 LED 数码管 BSI20-1（共阳极，数字净高 12 cm）和高电压大电流驱动器 ULN2003A，大型 LED 数码管的每段是由多个 LED 发光二极管串并联而成的，因此导通电流大、导通压降高。ULN2003A 是高压大电流达林顿晶体管阵列电路，其引脚图如

图 4-30 所示,他具有七个独立的反相驱动器,每个驱动器的输出灌电流可达 500 mA,导通时输出电压约 1 V,截止时输出电压可达 50 V。ULN2003A 的 1～7 脚为信号输入脚,依次对应的输出端为 16～10 脚,8 脚为接地端。当驱动电源电压为＋12 V 时,若要求数码管每段导通电流为 40 mA,则每段的限流电阻为 50 Ω。则一块 ULN2003A 恰好驱动一个 LED 数码管的 7 段。大数码管采用共阳极接法,低电平有效。锁存器输出的电平经 NPN 三极管 9014 反相后,再由 ULN2003A 放大后推动大数码管显示。

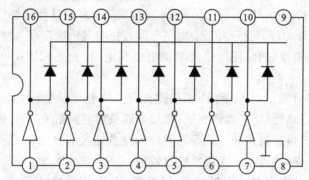

图 4-30　ULN2003A 引脚图

4. ZLG7290 芯片

ZLG7290 能够直接驱动 8 位共阴式数码管(或 64 只独立的 LED),同时还可以扫描管理多达 64 只按键。其中有 8 只按键还可以作为功能键使用,就像电脑键盘上的 Ctrl、Shift、Alt 键一样。另外 ZLG7290 内部还设置有连击计数器,能够使某键按下后不松手而连续有效。采用 I2C 总线方式,与微控制器的接口仅需两根信号线。可控扫描位数,可控任一数码管闪烁。引脚说明如图 4-31 所示。

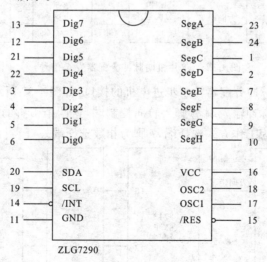

图 4-31　ZLG7290 引脚图

ZLG7290 是基于 I2C 总线接口的芯片。主控单片机 ADUC831 作为主器件时,内部没有 I2C 总线功能,因此需用 SPI 总线的引脚来模拟 I2C 总线。具体连接如下: ZLG7290-ADUC831、GND-DGND、SDA-MOSI、SCL-SCLOCK、/INT-INT0、VCC-DVDD。

但是,这种连接不是唯一的,只是在所写的软件里需要这样连接。其实中断可以根据自己所选的中断而定。地(GND)和电源(VCC)也可以另外从电源上接过来。所用电源为 5 V。编译软件使用的是 WSD,这个软件主要是用于 AD 系列芯片的。只要下载扩展名为 HEX 的文件即可。

ZLG7290 的核心是一块 ZLG7290 芯片,它采用 I2C 接口,能直接驱动 8 位共阴式数码管,同时可扫描管理多达 64 只按键,实现人机对话的功能资源十分丰富。除具有自动消除抖动功能外,它还具有段闪烁、段点亮、段熄灭、功能键、连击键计数等强大功能,并可提供 10 种数字和 21 种字母的译码显示功能,用户可以直接向显示缓存写入显示数据,而且无须外接元件即可直接驱动数码管,还可扩展驱动电压和电流。此外,ZLG7290 的电路简单,使用也很方便。

用户按下某个键时,ZLG7290 的 INT 引脚会产生一个低电平的中断请求信号,读取键值后,中断信号就会自动撤销。正常情况下,微控制器只需要判断 INT 引脚就可以得到键盘输入的信息。微控制器可通过两种方式得到用户的键盘输入信息。其一是中断方式,该方式的优点是抗干扰能力强,缺点是要占用微控制器的一个外部中断源。其二是查询方式,即通过不断查询 INT 引脚来判断是否有键按下,该方式可以节省微控制器的一根 I/O 口线,但是代价是 I2C 总线处于频繁的活动状态,消耗电流多并且不利于抗干扰。

3. 脉冲分配

步进电机的脉冲分配可通过三种方法实现,即通过硬件、软件以及软硬件结合的方法实现脉冲分配。在硬件控制法中,脉冲分配通过脉冲分配器芯片实现,单片机向脉冲分配器发送步进脉冲和控制旋转方向的电平信号,如图 4-32 所示。

图 4-32　单片机向脉冲分配器发送信号

单片机通过 8713 脉冲分配器控制步进电机的接口,如图 4-33 所示。选用单时钟输入方式,8713 的 3 脚为步进脉冲输入端,4 脚为转向控制端,这两个引脚的输入均由单片机提供和控制;8713 的 5、6 脚为工作方式选择端,7 脚为相数选择端。

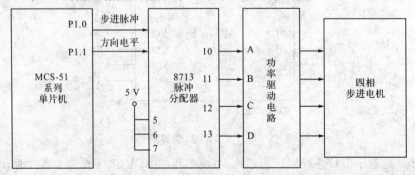

图 4-33　通过脉冲分配器控制四相步进电机的接口

【注意事项】

（1）直流电机启动时，先把 R_1 调到最大，R_{f2} 调到最小，启动完毕后，再把 R_1 调到最小。

（2）做外特性时，当电流超过 0.4 A 时，R_2 中串联的电阻必须调至零，以免损坏。

【实验报告】

（1）画出实验中最小系统、驱动电路和显示电路的电路图。

（2）根据系统的控制要求，当控制输入部分设置启动控制、换向控制、加速控制、减速控制按钮，单步运行控制和指定步数运行控制时，画出系统的程序流程图。

（3）列出实验中的程序清单。

【思考题】

（1）通过软硬件相结合的方式实现脉冲分配的电路图和其他两种有什么区别？

（2）如何改变输出脉冲的频率，从而调节电机的转速？

4.5　步进电机的 DSP 控制实验

【实验目的】

（1）掌握 DSP 的基本应用。

（2）学习通过 DSP 控制步进电机的换相和转速调节控制。

（3）学习通过 DSP 片上 AD 模块采集电机两相电流，并采用模糊比例微分（PD）控制算法对 PWM 波脉宽进行调制，使电机两相电流以阶梯正弦波的形式周期变换，实现步进电机细分驱动。

【预习要点】

（1）步进电机的运行特性。

（2）步进电机的细分驱动原理是什么？

（3）DSP 控制器如何通过 PWM 波控制 H 桥，调节两相电流的大小和方向？

【实验项目】

1. 步进电机细分驱动

（1）调节步进电机方向，产生旋转磁场。

（2）调节步距角使旋转磁场沿圆周均匀等步距角旋转。

（3）调节相电流使电流曲线接近正弦曲线。

2. 步进电机驱动器设计

DSP 采集实际相电流后与目标电流进行比较，并据此调整输出 PWM 波的占空比，使实际电流跟随目标电流变化而变化。

【实验设备及仪器】

（1）MEL 系列电机教学实验台主控制屏（MEL-I、MEL-IIA、B）。

（2）电机导轨及测功机，转矩转速测量组件（MEL-13）或电机导轨及转速表。

（3）步进电机 57BYGHD251。

（4）DSP 控制器。

（5）直流稳压电源（位于主控制屏下部）。

（6）直流电压、毫安、电流表（MEL-06）。

（7）波形测试及开关板（MEL-05）。

（8）TMS320LF22407A 芯片

【实验说明及操作步骤】

1. 步进电机细分驱动

根据图 4-34 所示的双极驱动方式下，两相步进电机驱动电路图连接好各模块。DSP 控制器通过 PWM 波控制两个 H 桥，调整两相电流的大小和方向。在 H 桥接地端，采用电阻采集相电流，经滤波、放大、限幅处理后接 DSP 的 ADC 输入端。DSP 采集实际相电流后与目标电流进行比较，并据此调整输出 PWM 波的占空比，使实际电流跟随目标电流变化而变化。

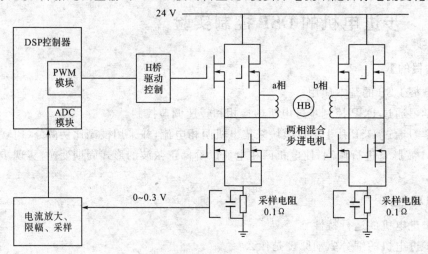

图 4-34　驱动电路框图

由于磁场矢量由两相绕组中的电流控制，精确控制相电流即可控制合成磁场矢量的幅度和角度。要使合成磁场矢量在空间上沿圆周旋转，需使 a、b 两相的电流按式（4-10）和式（4-11）变化。理论上，细分数越多，步距角越小，电流曲线越接近正弦曲线。

$$i_a = I_m \sin \theta = I_m \sin(90°s/n) \tag{4-10}$$

$$i_b = I_m \cos \theta = I_m \cos(90°s/n) \tag{4-11}$$

式中　　n—— 细分数；

　　　　s—— 细步数。

步进电机的速度控制是用 DSP 发出的步进脉冲频率来实现的。相邻两个脉冲的周期值越小，所对应脉冲的频率越高，这样步进电机控制的速度就会越快。由于采取了 DSP 的 PWM 控制方式，周期中断时刻由 DSP 定时器的周期值决定，换相的时刻也随之确定。所以，电机的速度由定时器的周期大小来决定。

由步进电机带动的执行机构进行精确的位置移动，就实现了步进电机的位置控制。步进电机不需要闭环控制只需要简单的开环控制就可以实现精确的位置控制,这是步进电机的最大亮点,也是它能够广泛应用的原因。位置控制功能程序流程图如图 4-35 所示,在每个定时器周期中断需要调用一次。

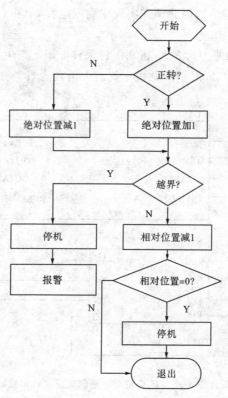

图 4-35　位置控制功能程序流程图

　　连接好仿真器、实验箱及计算机,启动 CCS。在计算机上安装编译软件后,进入 CCS 集成开发环境中。此时要注意,C 语言源代码文件或者是汇编源代码不可以直接生成 DSP 的可执行代码,此时项目文件保存格式应为 ∗.pit,并通过项目来管理器去设计和调试。这样建立相应工程文件,再把编写好的程序下载到 DSP 芯片中进行编译、运行即可。

2. 步进电机驱动器设计

　　驱动器设计中包含功率驱动电路,电流放大、限幅、采样电路,过流保护电路的设计。其中功率驱动电路选择 PWM 电机功率驱动器 LHKF2810D01。该驱动器是全 H 桥功率驱动电路,集成了 H 桥控制电路和 VDMOS 功率开关电路。LHKF2810D01 芯片在 PWM 波控制下工作,在控制端通过改变一路 PWM 波的占空比控制电机的速度与方向。在功率端,该驱动器最大连续输出电流 10 A,瞬态峰值输出电流 31 A,并提供采样电阻接口,方便对电机电流进行采样。

　　DSP 根据片上 ADC 采集的流过采样电阻的电流对 H 桥进行控制,电流采样精度影响PWM 控制的精度,需从软硬件各方面提高电流的采样精度。因此对于采样电阻的选择需考虑实际的电机运行情况,若电阻阻值较大,电阻上会产生较大的功耗和热量,并使功率信号的地电平抬高。而如果电阻阻值较小,产生的压降较小,会降低采集信号的信噪比。因此实验中通过改变精密电阻阻值 R，使电流最大为 6.3 A，采样效果最佳。

图 4-36 是 H 桥驱动电路和电流采样电路，由于 H 桥开关频率为 $1 \sim 60$ kHz，开关切换时，采样电阻两端产生较大噪声，图中采用在电阻两端并联滤波电容以抑制噪声。由于流经电阻的电流较大（最大为 3 A），因此须在实验中确定电容 C_a 和 C_b 的大小，使其产生较为平滑波形，提高采样精度。

由于驱动器最大驱动能力为 3 A，在 0.1 Ω 采样电阻上产生 0.3 V 的压降，为充分利用 AD 的量程，减小采样误差，同时消除共模干扰放大倍数为 $G = 100/R_g$，R_g 为增益电阻。

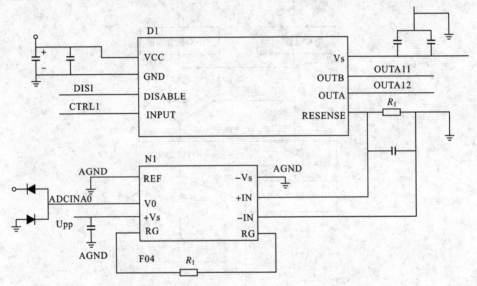

图 4-36　H 桥驱动电路和电流采样电路

由于被控对象电机实质相当于电阻和电感串联，为非线性，且目标电流曲线也为非线性。因此，采用模糊控制方法在线自整定 PD 控制器比例和微分系数，在各目标电流下均达到最好的控制效果。

根据实验确定 $e(k)$ 和 $ec(k)$ 的论域分别是多少。选择如图 4-37 的三角形隶属函数及最大值法对 $e(k)$ 和 $ec(k)$ 进行模糊化。

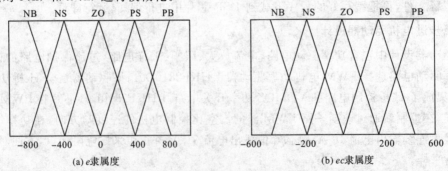

图 4-37　三角形隶属函数

上诉控制策略在 DSP 芯片中实现，经调试，最终的控制周期设为 120 μs，即每 120 μs 对 PWM 波的占空比进行一次控制，在每个控制周期中，AD 采集、滤波、模糊 PD 控制占用时间约为 20 μs。通过模糊 PD 控制使实际电流跟踪目标电流，目标电流变化的快慢决定了步进电机的转速，两者之间的关系为

$$V_c = \theta_n / (6nt) \tag{4-12}$$

式中　　V_c——步进电机转速，$r \cdot min^{-1}$；

　　　　θ_n——步进电机步距角，°；

　　　　t——每个目标电流值保持的时间，μs。

【注意事项】

（1）在计算机上安装编译软件后，进入到 CCS 集成开发环境中。此时要注意，C 语言源代码文件或者是汇编源代码不可以直接生成 DSP 的可执行代码，此时项目文件保存格式应为 ∗.pit，并通过项目来管理器去设计和调试。

（2）步进电机运行时电流较大，控制不当可能导致电路故障，需设计过流保护电路，提高系统的可靠性和稳定性。

【实验报告】

（1）绘制出步进电机细分驱动后的电流波形图。

（2）列出实验过程中的程序清单。

（3）计算出 H 桥驱动电路中电阻两端并联的电容值。

【思考题】

（1）步进电机细分驱动的原理是什么？

（2）步进电机的脉冲分配有哪些方法？

第 5 章　微特电机及其控制仿真实验

微特电机控制仿真实验采取自主研究、讨论的方式进行。本章实验共分为无刷直流电机的建模与仿真实验，开关磁阻电机的建模与仿真实验，步进电机的建模与仿真实验。分别有实验者通过使用 ANSYS、MATLAB 仿真软件进行搭建仿真模型或者电路，设定测试项目，给出仿真结果，最后对方针结果进行分析和总结。

5.1　无刷直流电机的建模与仿真实验

无刷直流电机是一种集控制和电机本体于一身的新型一体化电机，对于这类电机的分析不仅仅需要对其磁场进行计算，还需要对控制电路进行考虑。Ansoft V12 版本中的瞬态磁场模块不仅可以计算各个时间点上的磁场分布，还可以引入外部控制电路来控制绕组励磁的开启和关断。二维瞬态磁场模块这种功能正适合于分析类似无刷直流电机这样的一体化电机。

5.1.1　问题描述

计算空载反电势、磁阻转矩、空载磁链。两相无刷直流电机，额定功率为 0.55 kW。额定工作电压为 220 V，极数为 4，定子槽数为 24，额定转速为 1 500 r/min。

本章中将要建立的无刷直流永磁电机结构示意图如图 5-1 所示。

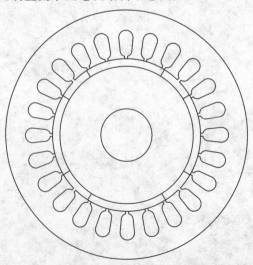

图 5-1　无刷直流永磁电机结构示意图

5.1.2　创建项目

（1）启动 Ansoft 并创建新的项目文件

（2）定义分析类型

执行 Project/Insert Maxwell 2D Design 命令，或者单击工具栏上的"?"按钮建立 Maxwell2D 设计分析类型。

执行 Maxwell 2D/Solution Type 命令，在弹出的求解器对话框中选择"Magnetic"栏下的"Transient"求解器，"Geometry model"选择"cartesian XY"。

（3）重命名及保存项目文件

执行 File/Save as 命令，将名称改为"BLDC_N_L"后进行保存。

5.1.3　创建电机几何模型

1. 确定模型基本设置

单击示意图（图 5-1），模型的基本设置主要包括模型轴向长度及重复周期的设定两方面内容。不同于二维静磁场与涡流场模型的求解长度自动设置为单位长度，在 Ansoft 二维瞬态磁场求解中，可以通过模型的基本设置给定模型的实际长度。具体方法为右键选择项目管理菜单中的 Model/Set Model Depth 下拉菜单，如图 5-2 所示，自动弹出对话框，其中包括模型轴向长度 Model Depth 项及重复周期数 Symmetry Multiplier 的设定，本例电机轴向长度为 65 mm，对称周期为 4（4 极 24 槽），具体设置如图 5-3 所示。

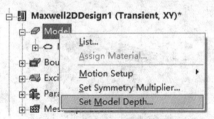

图 5-2　模型长度设置下拉菜单

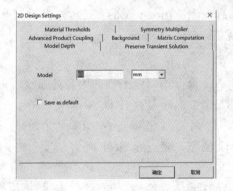 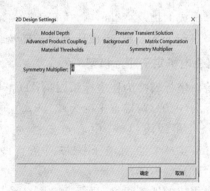

图 5-3　模型长度及周期设置对话框

2. 绘制电机定子槽几何模型

采用已学过介绍的点、直线、弧线的绘制方法,根据实际电机槽形图绘制出 BLDC 定子槽模型,将绘图坐标转换为柱坐标系,具体点坐标为

A (37.5,5.5898) B (37.5,9.4102)

C (38.0206,5.6159) D (38.0206,9.3841)

E (39.1004,3.3935) F (39.1004,11.6065)

G (47.3527,2.8971) H (45.3527,12.1029)

建立的 BLDC 定子槽模型如图 5-4 所示。

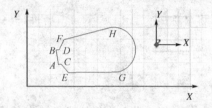

图 5-4   BLDC 定子槽模型

3. 绘制电机绕组几何模型

本例中采用简化绕组模型对槽绕组进行建模,这样并不影响磁场的计算结果,图 5-5 所示为绕组简化模型,此处未给出具体坐标,读者可以根据自身的习惯对绕组建立模型,亦可建立为圆形绕组。注意,此时生成的定子槽与绕组模型并未进行布尔运算,分属不同的面域。

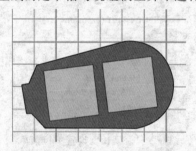

图 5-5   绕组简化模型

选择生成的槽及绕组模型,执行 Edit/Duplicate/Around Axis 命令,选择沿 Z 轴复制,相隔 15°,进行 6 次复制,生成所有定子槽及绕组,如图 5-6 所示。

4 创建电机定子冲片模型

将绘图坐标转换为柱坐标系,执行 Draw/Arc 命令绘制定子铁芯内径处弧线段模型,中心点坐标为(0,0),两端点坐标为(37.5,0)、(37.5,90);重复执行 Draw/Arc 命令,绘制定子铁芯外径处弧线段模型,中心点坐标为(0,0),两端点坐标为(60,0)、(60,90);再执行 Draw/Line 命令,绘制定子铁芯两条直线段模型,端点坐标分别为(37.5,0)、(60,0) 和(37.5,90)、(60,90)。

选择生成的四条线段,执行 Model/Boolean/Unite 命令,将所有线段连接,再执行 命令 Model/Surface/Cover lines 生成面,接下来,执行命令 Model/Boolean/Substract,在 Blank Parts 中选择生成的定子铁芯面域,在 Tool Parts 中将 6 个定子槽选择。注意,此时并不选择

绕组,不选择[Clone tool objects before substracting],单击"OK"按钮生成定子铁芯冲片模型,最后,生成的定子铁芯及绕组如图 5-7 所示。

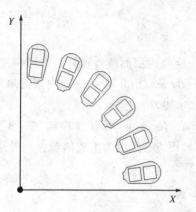

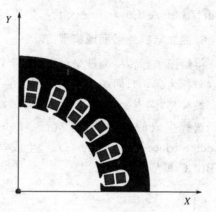

图 5-6　定子槽及绕组模型　　　　　　　图 5-7　定子铁芯及绕组图

5. 创建永磁体模型

将绘图坐标转换为柱坐标系,执行 Draw/Arc 命令绘制永磁体外径处弧线段模型,中心点坐标为(0,0),两端点坐标为(37,13.5)、(37,76.5),电机的极弧系数为 0.7,因此跨过机械角度为 63°。重复执行 Draw/Arc 命令绘制永磁体内径处弧线段模型,中心点坐标为(0,0),两端点坐标为(33.5,13.5)、(33.5,76.5),永磁体厚度为 3.5mm,再执行 Draw/Line 命令,绘制定子铁芯两条直线段模型,端点坐标分别为(37.5,13.5)、(60,13.5) 和(37.5,76.5)、(60,76.5)。

选择生成的四条线段,执行命令 Model/Boolean/Unite,将所有线段连接,再执行 Model/Surface/Cover lines 命令,生成永磁体面域。

6. 创建转子轭模型

将绘图坐标转换为柱坐标系,执行 Draw/Arc 命令绘制转子轭外径处弧线段模型,中心点坐标为(0,0),两端点坐标为(33.5,0)、(33.5,90)。重复执行 Draw/Arc 命令绘制永磁体内径处弧线段模型,中心点坐标(0,0),两端点坐标为(13,0)、(13,90),转轴直径为 26 mm,再执行 Draw/Line 命令绘制定子铁芯两条直线段模型,端点坐标分别为(13,0)、(33.5,0) 和(13,90)、(33.5,90)。

选择生成的四条线段,执行 Model/Boolean/Unite 命令,将所有线段连接,再执行 Model/Surface/Cover lines 命令,生成转子轭面域,如图 5-8 所示为生成的转子及定子模型。

7. 建立转子内层面域模型

在进行静磁场与涡流场分析时,由于不需要考虑电机转子区域的瞬时旋转运动,因此只建立一个包含整个电机求解域的外层面域即可,而进行瞬态分析时,则需要将运动部分与静止部分分离,因此需要多建立一个包含整个电机转子求解域的内层面域。

将绘图坐标转换为柱坐标系,执行 Draw/Arc 命令,绘制内层面域外径处弧线段模型,中心点坐标为(0,0),两端点坐标为(37,0)、(37,90)。执行 Draw/Line 命令绘制内层面域两条直线段模型,端点坐标分别为(0,0)、(37,0)和(0,0)、(37,90)。

选择生成的四条线段,执行 Model/Boolean/Unite 命令,将所有线段连接。再执行 Model/Surface/Cover lines 命令,生成转子内层面域。

8. 建立电机外层面域模型

将绘图坐标转换为柱坐标系,执行 Draw/Arc 命令绘制内层面域外径处弧线段模型,中心点坐标为(0,0),两端点坐标为(60,0)、(60,90)。执行 Draw/Line 命令绘制内层面域两条直线段模型,端点坐标分别为(0,0)、(60,0)和(0,0)、(60,90)。

选择生成的四条线段,执行 Model/Boolean/Unite 命令,将所有线段连接。再执行 Model/Surface/Cover lines 命令,生成电机外层面域,如图 5-9 所示为生成的包含内外层域的 BLDC 模型。

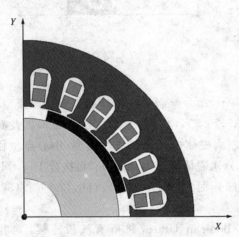

图 5-8　BLDC 转子及定子模型　　　　　图 5-9　包含内外层域 BLDC 几何模型

9. 建立 Band 模型

Band 模型用于将静止物体和运动物体分开。由于并不求解整个模型,需要使用主从边界条件,静止的物体和运动的物体不能穿过 Band,也就是说 Band 不允许与几何模型交叉,Band 允许沿自身滑动,但不能防碍其他物体。

将绘图坐标转换为柱坐标系,执行 Draw/Arc 命令绘制内层面域外径处弧线段模型,中心点坐标为(0,0),两端点坐标为(37.2,0)、(37.2,90)。执行 Draw/Line 命令绘制内层面域两条直线段模型,端点坐标分别为(0,0)、(37.2,0)和(0,0)、(37.2,90)。

选择生成的四条线段,执行 Model/Boolean/Unite 命令,将所有线段连接,再执行 Model/Surface/Cover lines 命令,生成 Band 面域。

5.1.4　材料定义及分配

本例中所需要的一些材料,在默认的材料库 sys[materials] 中并不包含,这些材料包含在材料库 sys[RMxprt] 中,因此需要将此材料库导入到材料设置中。

执行 Tools/Configure libraries 命令,在弹出对话框的左侧将 RMxprt 选中,单击按钮,将其增加到右侧 Configured Libraries 对话框中,具体设置如图 5-10 所示,然后单击"OK"按钮确认。

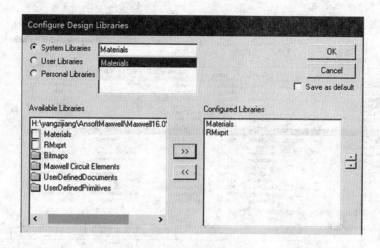

图 5-10　导入 RMxprt 材料库

对于 BLDC 瞬态电磁场分析,需要指定以下材料属性:

(1) 指定内外层面域及 BAND 材料属性 —— 空气(亦可采用默认材料属性真空);

(2) 指定绕组 coil 材料属性 ——Copper;

(3) 定义定子铁芯 Stator 及转子铁芯 Rotor 材料属性 M19_24G,一种电机常用非线性铁磁材料;

(4) 指定永磁体材料 XG196/96,采用径向充磁。

① 指定 Vacuum 材料属性

打开材料管理器,在"Search by name"对话框中输入"Vacuum"可快速寻找到材料库中的真空材料,选择该材料后双击鼠标左键,Vacuum 材料会自动的进入项目管理器菜单中。选择模型管理器中的外层面域 out_region、内层面域 in_region 及 BAND,单击鼠标右键,在弹出的属性对话框中的"material"选项中,选择"Vacuum"材料,然后选择确定按钮以完成 Vacuum 材料的分配。

② 指定 coil 材料属性

在材料管理器,将 Copper 材料添加到项目文件中,选择模型管理器中的定子绕组模型,将 Copper 材料分配给定子绕组。

③ 指定 Stator 和 Rotor 材料属性

电机定子 Stator 与转子 Rotor 是由 M19_24G 硅钢片制成,该材料包含在 RMxprt 材料库中。在材料管理器中,选择前面添加的[sys]RMxprt 材料库,在材料中选择"M19_24G"材料,如图 5-11 所示,单击"Add Material"添加按钮,将其添加到项目中,在模型管理器中选择"Stator"和"Rotor",将此材料分配。

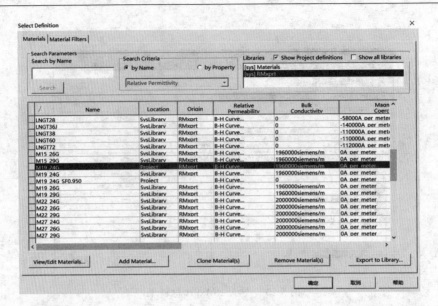

图 5-11　材料管理器对话框

④ 指定永磁磁极材料属性

进入材料管理器，选择 XG196/96 材料，单击"Add material"按钮，将此材料添加到项目文件中。在分析 BLDC 中只需要径向充磁 N 极性的永磁体，因此，需要编辑永磁材料的充磁极性，选择 XG196/96 材料，打开材料编辑对话框，将材料名字修改为 XG196/96_N，材料坐标系统类型设置为柱坐标系统 Cylindrical，这是为了设置径向充磁方便，选择材料属性中的 R Component，即材料坐标系统的径向分量，将其值设置为 1，代表了永磁体磁化方向为径向的正方向，反之设置为 −1，则磁化方向为径向的负方向，具体设置如图 5-12 所示。

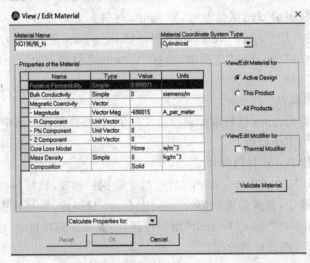

图 5-12　永磁体径向充磁设置对话框

在模型管理器中选择永磁体模型"P_Mag"，在"materials"选项中，将材料设置为"XG196/96_N"。

5.1.5　激励源与边界条件定义及加载

在进行 BLDC 空载分析时,所需要的激励源仅为永磁体材料所提供的主激磁磁场即可,这种激励在材料的设置当中已经完成,因此,实际意义上的激励源在无刷直流电机的空载分析当中是不存在的,但是为了分析电机的空载反电势,仍然需要对绕组进行正确的分相。

对于边界条件,由于模型只建立了 1/4 实际电机,因此在电机模型分界处施加主从边界条件,电机求解域的外边界为磁介质与非导磁介质的分界处,因此,施加磁通平行边界条件。

1. 绕组分相

两相 BLDC 的实际绕组排列如图 5-13 所示,根据几何对称原则,进行有限元分析时,只选择四分之一模型周期,在图中选择 1 号槽到 6 号槽的求解区域,其对应绕组分相如图 5-14 所示。

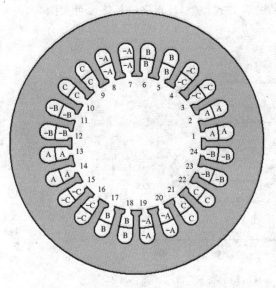

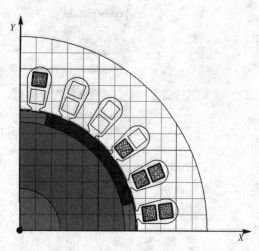

图 5-13　两相无刷直流电机绕组排列　　　　　　图 5-14　BLDC 有限元模型中的绕组分相

2. 加载电流激励源

绕组分相结束后,各个绕组的从属关系如图 5-14 已经比较明确,选择 A＋相五个绕组,执行命令 Maxwell 2D/Excitations/Assign/Coil,将自动弹出线圈激励源设置对话框,在源名称中输入 PA,(Positive A Phase) 代表 A 相正向线圈。导体数中输入"30",说明 BLDC 每槽导体数为 60,"Polarity"设置中选择"Positive"。选择 A－相绕组,同样执行命令 Maxwell 2D/Excitations/Assign/Coil,在源名称中输入"NA",(Negative A Phase) 代表 A 相负向线圈,导体数中输入"30","Polarity"设置中选择"Negative",A 相具体设置如图 5-15 所示。

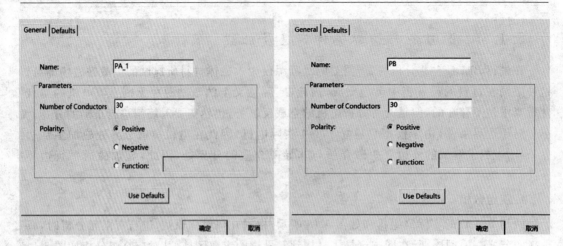

图 5-15　A 相绕组激励设置对话框

　　B 相绕组的加载方式与 A 相绕组加载相同,命名方式类似,B 相绕组具体设置如图 5-16 所示。

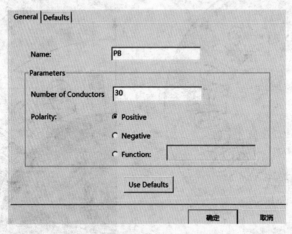

图 5-16　B 相绕组激励设置对话框

　　上一步骤完成了各个槽中的绕组设置,在实际电机计算中我们关心的并不是每个槽绕组的参数量,而关心的是电机每相绕组端的参量,因此,需要将属于每一相的槽绕组归属于同一相,这一过程通过以下步骤完成:

　　鼠标右键单击项目管理器中的"Excitations"选项,在弹出的下拉菜单中选择"Add Winding"选项,将自动弹出绕组设置对话框,首先将绕组名称设置为"WindingA""Type"项设置中选择"Current"(此处选择电流为了方便空载工况的计算),值设置为 0,选择导线"Stranded",并联支路数设置为 1,具体设置如图 5-17。

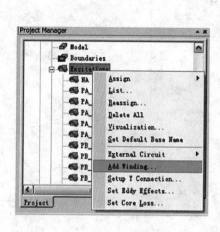
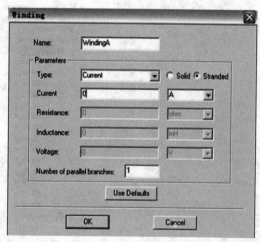

图 5-17　Winding 设置对话框

　　鼠标右键单击项目管理器中"Excitations"下的"WindingA"选项,在弹出的下拉菜单中选择"Add Coils"选项,将自动弹出增加端口设置对话框,选择属于 A 相的六个槽绕组,单击"OK"按钮,将其加入到"WindingA"中,具体操作如图 5-18 所示。

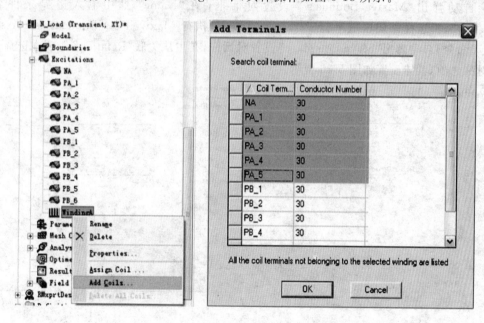

图 5-18　A 相绕组设置对话框

　　B 相绕组的设置方法与 A 相绕组的设置方法相类似,重复上述两步操作,绕组名称 设置为"WindingB",将剩余的槽绕组添加到 B 相绕组"WindingB"中,通过分相得到的激励设置如图 5-19 所示。至此完成了空载激励源的设置,其实在空载分析中只是对绕组相进行了分相,在激励中添加了零激励,这是符合实际电机空载工况下的运行条件的。

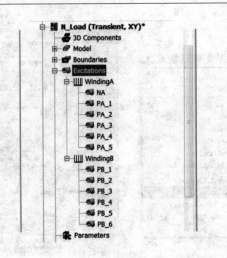

图 5-19　A 相绕组设置对话框

3. 加载边界条件

二维电磁场的边界条件是对边界线进行操作的，首先执行 Edit/Select/Edge 命令，选择外层区域平行于 X 轴的直线段。接着执行 Maxwell 2D/Boundaries/Assign/Master 命令，此时会自动弹出"Master Boundary"设置对话框，在"Name"框中输入边界条件名称"Master"，再选择外层区域平行于 Y 轴的直线段，执行 Maxwell 2D/Boundaries/ Assign/Slave 命令，自动弹出"Slave Boundary"设置对话框，在主从关联"Relation"选项中选择半周期对称选项，具体设置如图 5-20 所示。

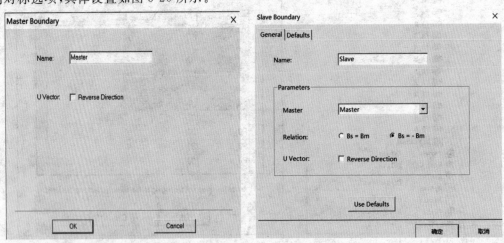

图 5-20　BLDC 主从边界条件设置对话框

选择外层区域圆弧线段，执行 Maxwell 2D/Boundaries/Assign/Vector Potential 命令，施加磁通平行边界条件，具体设置及模型相应边界条件如图 5-21 所示。

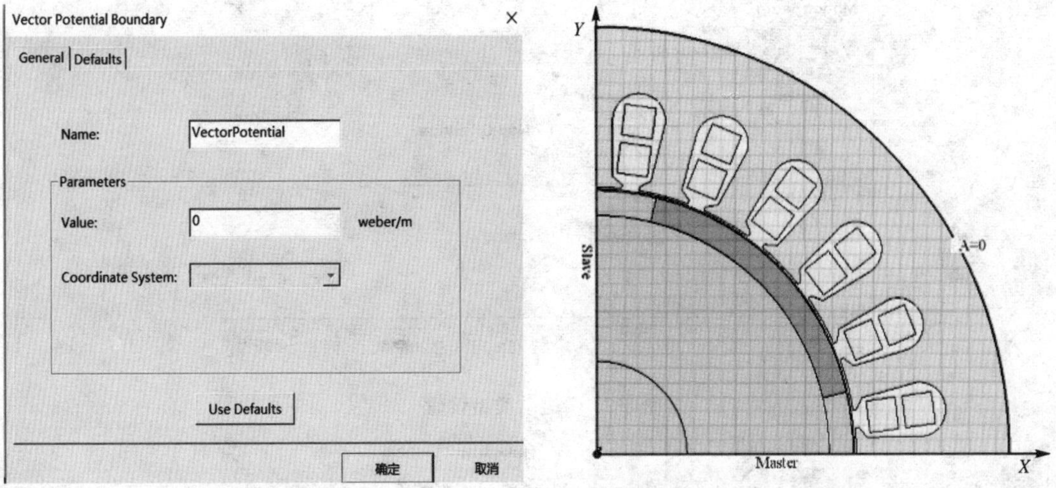

图 5-21　BLDC 边界条件设置

5.1.6　运动选项设置

BLDC 的瞬态电磁场分析主要是针对电机旋转时的磁场变化而言,在瞬态分析中,模型旋转的设置是通过运动设置选项完成的。在模型窗口中选中 Band 面域,鼠标右键单击项目管理器中"Model"下的"Motion Setup/Assign Band"选项,如图 5-22 所示,将自动弹出"Motion"选项设置对话框。

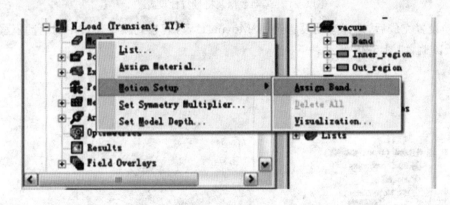

图 5-22　BLDC 运动选项设置对话框

在"Motion"设置对话框中包含"Movement type""Data information""Mechanical information"三个选项,在类型选项中的"Motion"项选择"Rotation"旋转运动,运动围绕坐标系为整体坐标系,运动方向选择正方向即逆时针方向,如图 5-23 所示。

在运动数据信息中的"Initial Position"初始位置选项中设置旋转运动的初始位置角为 15°,此角度为两相无刷直流电机 A 相换相点。在机械设置中将设置旋转速度为 1 500 r/min,具体设置如图 5-24 所示。

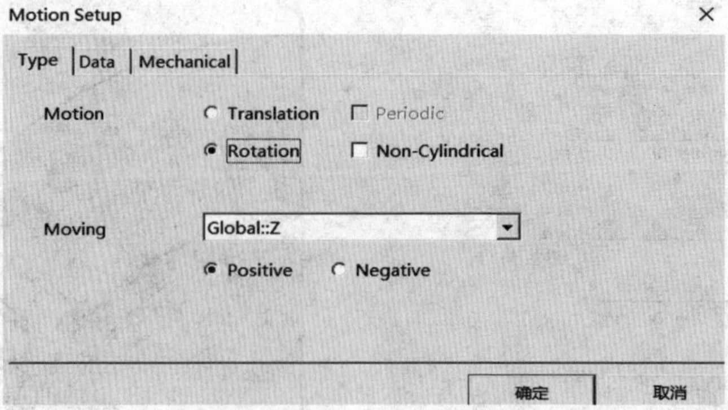

图 5-23　运动类型设置

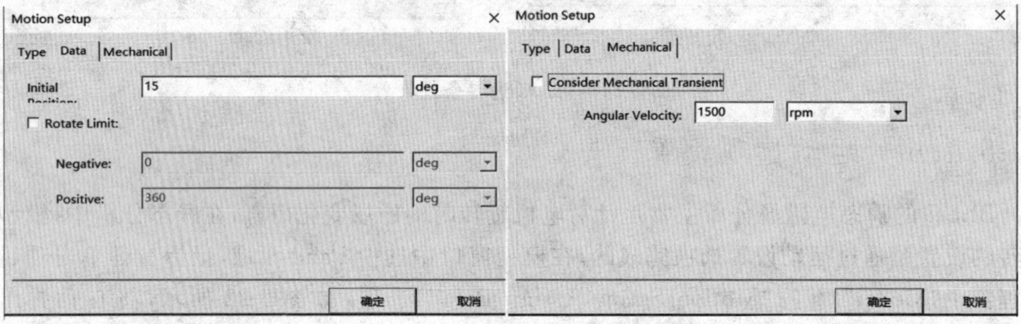

图 5-24　运动数据及机械特性设置

运动设置完成后,选择运动设置选项"Moving1",可观察到模型窗口中的运动模型部分被阴影所覆盖,如图 5-25 所示。

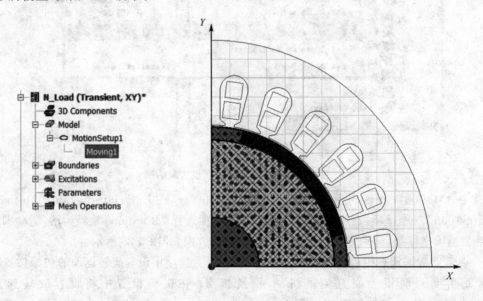

图 5-25　BLDC 运动部件示意图

5.1.7　求解选项参数设定

1. 力和力矩设置

在瞬态磁场分析中，通过执行 Maxwell 2D/Parameters/Assign/Force 命令和 Maxwell 2D/Parameters/Assign/Toque 命令，在弹出力及力矩设置对话框，可以对力及力矩参数进行设置。但在瞬态磁场分析后处理中可以得到力矩与时间、位置之间的函数关系，因此，瞬态求解对于力及力矩参数可不加以设置。

2. 网格剖分设置

执行 Maxwell 2D/Mesh Operations/Assign/On selection（Inside Selection、Surface Approximatio）命令来进行剖分设置：

设置 Length_Bar = 1.5mm 分配给鼠笼条区域；

设置 Length_Coil = 2.8mm 分配给定子绕组区域；

设置 Length_Core = 4.6mm 分配给定转子铁芯；

设置 Length_In = 4.6mm 分配给内层区域；

设置 Length_Band = 1mm 分配给 Band 区域；

设置 Length_Out = 1mm 分配给 Band 及外层区域（此处包含气隙）；

具体剖分如图 5-26 所示。

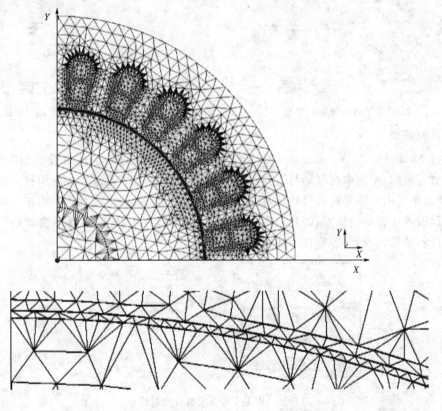

图 5-26　BLDC 电机及运动边界剖分图

3. 求解设定

执行 Maxwell 2D/Analysis Setup/Add Solution Setup 命令,自动弹出求解设置对话狂,主要包括一般设置、场信息保存设置、高级设置、求解设置、输出变量设置以及默认选项设置,本例只针对一般设置与场信息保存设置项进行具体设置,其他项均采用系统默认设置。

在一般设置中,设置本求解设置名称为"Setup1",设置求解终止时间为 0.04 s,求解时间步长 0.000 2 s,如图 5-27 所示为 BLDC 求解时间设置。在求解设置对话框中选择"Save Fields"项,设置场计算结果保存选项,在"Type"选项中选择线性步长"Linear Step",信息保存开始及终止时间分别设置为 0 s 和 0.04 s,场信息保存时间步长设置为 0.001 s,即场求解每 5 步保存一次,然后单击"Add to List"按钮将具体设置增加到时间菜单中,具体设置如图 5-28 所示。

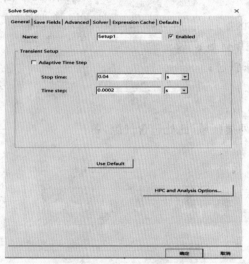

图 5-27　求解时间设置对话框

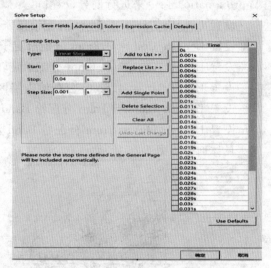

图 5-28　场信息保存设置对话框

4. 分析自检

执行 Maxwell 2D/Validation Check 命令,弹出自检对话框,当所有设置正确后,每项前出现对勾提示,本例中在激励与边界条件前出现了警告提示,是因为在应用材料库中材料时,自动赋予了电导率等物理属性,因此,在分析时会考虑涡流效应的影响,而在本例分析中忽略了涡流效应影响的设置,因此出现次警告,用户可以不予以考虑,其不会影响到 BLDC磁场的计算结果,自检及警告提示如图 5-29 所示。

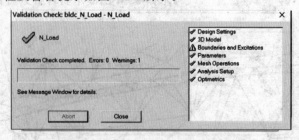

图 5-29　BLDC 数值求解自检对话框

5.1.8　求解及后处理

自检正确完成后,执行 Maxwell 2D/Analysis all 命令,启动求解过程,求解过程与静态场和涡流场的求解类似,进程显示框中交替显示系统计算过程的进展信息,如细化剖分、求解时间步等,求解过程如图 5-30 所示,用户可根据需要中断求解,求解结束后弹出相应的提示信息。

图 5-30　BLDC 求解过程

执行 Maxwell 2D/Results/Solution data 命令,弹出解观察对话框,如图 5-31 所示。通过对此对话框的各项操作,可以观察解的情况。

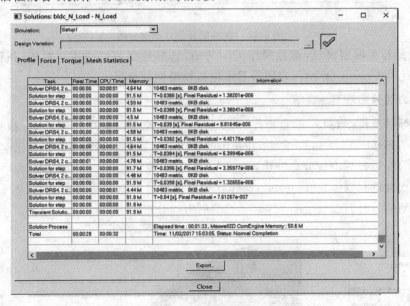

图 5-31　解观察对话框

1. 观察统计信息

选择解观察对话框顶部的"Profile"选项,可观察统计信息情况,该信息包括:求解过程中计算资源的使用情况、用户使用 Maxwell 2D 软件的版本、本例的名字、用户计算机名、求解本例的起始与终止时间、自适应求解每步的三角单元数、占用内存等信息。

2. 观察剖分信息及剖分图

选择对话框顶部的"MeshStatistics"选项,弹出模型剖分统计数据,其中显示了模型各个部件的剖分单元数目、剖分单元大边长、小边长、平均边长以及剖分单元大面积、小面积、平均面积等信息,如图 5-32 所示统计数字信息可通过数据框下面的"Export"选项导出。

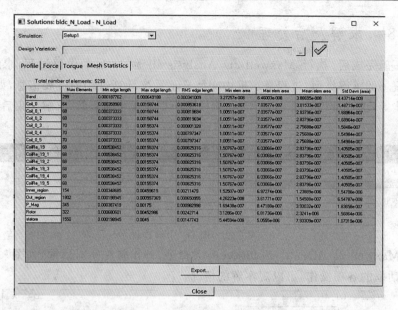

图 5-32　观察剖分信息及剖分图

　　将鼠标移至模型窗口，键盘操作 Ctrl ＋ A，选择模型窗口中所有物体，执行 Maxwell 2D/Fields/Plot mesh 命令，可以图形显示电机模型剖分情况。

3. 磁力线分布观察

　　将鼠标移至模型窗口，键盘操作 Ctrl ＋ A，选择模型窗口中所有物体，执行 Maxwell 2D/Fields/ Fields/Flux lines 命令，在弹出的场图显示设置对话框中设定显示名称，物理量 "Quantity" 中选择磁力线分布 "Flux lines"。

　　接着选择所有物体 "allobjects"，这样就可以图形显示电机等势线分布，图 5-33 所示为电机在运动初始时刻以及运动 0.034 s 时的磁力线分布。

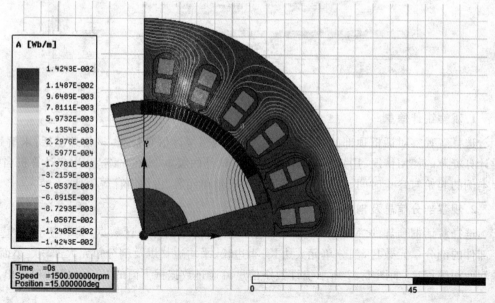

（a）运动初始时刻

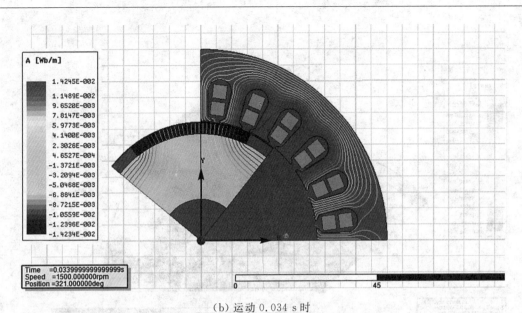

（b）运动 0.034 s 时

图 5-33　BLDC 不同时刻磁力线分布

3. 磁通密度分布观察

将鼠标移至模型窗口，键盘操作 Ctrl＋A，选择模型窗口中所有物体。在场图显示设置对话框物理量"Quantity"中选择磁通密度"Mag_B"，选择所有物体"allobjects"可以图形显示电机磁通密度云图分布，如图 5-34 所示为不同时刻磁密云图分布。

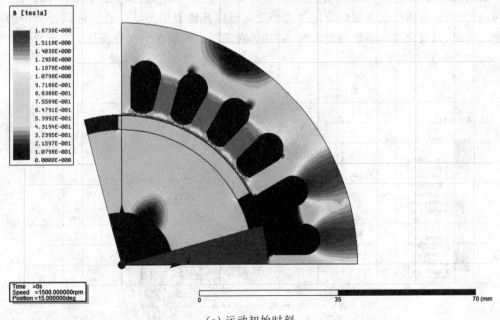

（a）运动初始时刻

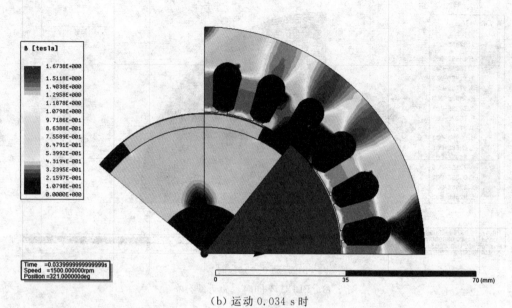

（b）运动 0.034 s 时

图 5-34　BLDC 不同时刻磁密云图分布

　　将鼠标移至模型窗口，键盘操作 Ctrl ＋ A，选择模型窗口中所有物体。在场图显示设置对话框物理量"Quantity"中选择磁通密度"B_Vector"，选择所有物体"allobjects"，可以图形显示电机磁通密度矢量分布，如图 5-35 所示为不同时刻磁密矢量图，包含大小与箭头所示方向。通过矢量所示磁通密度的方向及大小变化可以具体看出 BLDC 在实际运行当中的磁场变化情况，以及交变与旋转磁场的分布情况，对实际电机的深层次分析具有重要意义。

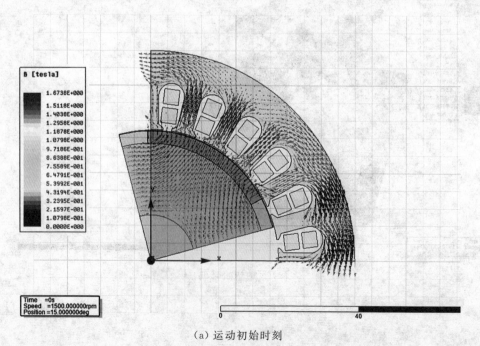

（a）运动初始时刻

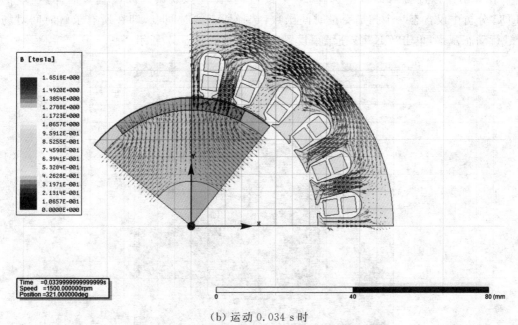

（b）运动 0.034 s 时

图 5-35　BLDC 不同时刻磁密矢量图

5. 场图动态模拟观察

瞬态分析是以时间为基本求解单位的，在求解设置中设置了场的保存时间步长，因此在后处理中可以通过模拟"Animate"选项对场量进行动态观察，首先选择要观察的场量，在模型窗口中显示出来，然后执行 Maxwell 2D/Fields/Animate 命令，自动弹出模拟设置对话框，如图 5-36 所示。

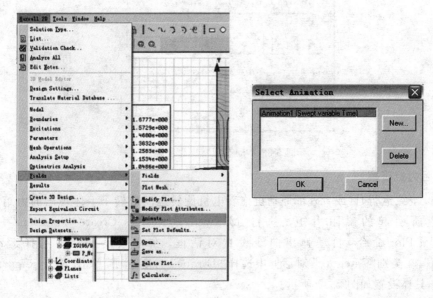

图 5-36　场图动态模拟操作菜单及设置

　　在弹出模拟设置对话框中选择 New 按钮,弹出模拟观察时间设置对话框,在本例 BLDC 分析中仅含有一个扫描变量时间函数,选择所有的时间点,即在所有求解时间对场量进行动态观察,单击"OK"按钮结束设置,具体设置如图 5-37 所示。

图 5-37　场图动态模拟时间扫描设置对话框

　　选择需要动态模拟的场量,再次执行 Maxwell 2D/Fields/Animate 命令,选择刚设置完成的"Animation1",开始进行动态场量观察,在观察中可以通过图 5-38 中的动态观察操作面板对动态模拟的速度,正反向模拟及各个时间点的观察进行操作。

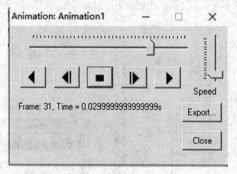

图 5-38　动态观察操作面板

6.磁阻力矩观察

　　BLDC 空载运行时(或者外部原动机拖着电机旋转运动),转子上体现出的力矩为电机齿槽效应所引起的磁阻力矩,执行 Maxwell2D/Results/Create Transient Report/Rectangular Plot 命令,自动弹出曲线设置对话框,在参数设置栏中选择运动设置"Moving1",在类别"Category"对话框中选择"Torque"力矩选项,单击"New Report"按钮完成设置,具体设置如图 5-39 所示。

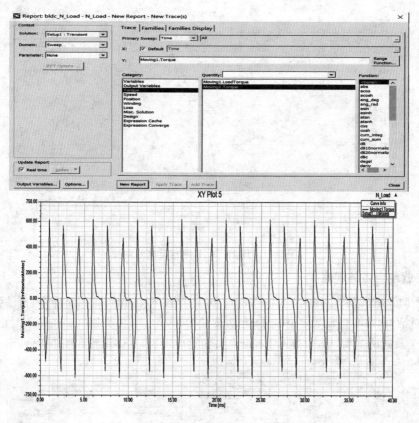

图 5-39　BLDC 磁阻力矩曲线

7. 空载反电势观察

执行 Maxwell2D/Results/Create Transient Report/Rectangular Plot 命令，自动弹出"Curve setting"对话框，在参数设置栏中选择运动设置"Moving1"，在类别"Category"对话框中选择"Winding"及感应电压选项，单击"New Report"按钮完成设置，具体设置如图 5-40 所示。

图 5-40　BLDC 感应电压设置对话框

图 5-41 所示为 BLDC A、B 两相反电势曲线。

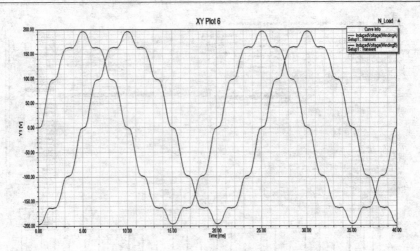

图 5-41　BLDC A、B 两相反电势曲线

8. 空载绕组磁链观察

执行 Maxwell2D/Results/Create Transient Report/Rectangular Plot 命令,自动弹出"Curve setting"对话框,在参数设置栏中选择运动设置"Moving1",在类别"Category"对话框中选择 "Winding"及磁链选项,单击"New Report"按钮完成设置,具体设置如图 5-42 所示。

图 5-42　BLDC 绕组磁链设置对话框

图 5-43 所示为 BLDC A、B 两相磁链随运动关系曲线。

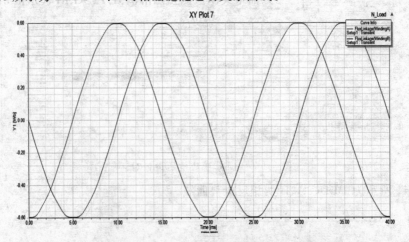

图 5-43　BLDC A、B 两相磁链随运动关系曲线

通过执行 Maxwell2D/Results/Create Transient Report/Rectangular Plot 命令也可以显示电机位置信息曲线,如图 5-44 所示。

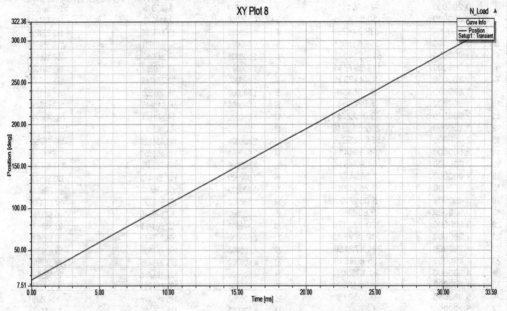

图 5-44　BLDC 旋转位置信息曲线

8. 数据表观察

瞬态场求解后处理中,各个量不仅可以以曲线的形式进行显示,而且可以数据表的形式列出,供用户查询和进一步处理。

执行 Maxwell2D/Results/Create Transient Report/Date Table 命令可对显示的数据表进行设置,如图 5-45 所示为磁阻力矩数据表设置对话框。

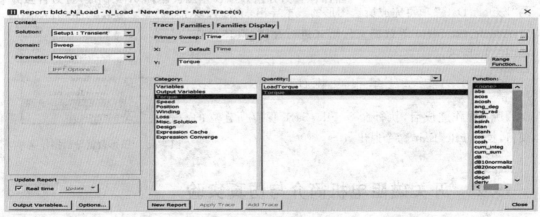

图 5-45　磁阻力矩数据表设置

图 5-46 和图 5-47 所示分别为 BLDC 磁阻力矩数据与 A、B 相反电势数据。

	Time [ms]	Torque [mNewtonMeter] Setup1 : Transient
1	0.000000	-10.344677
2	0.200000	-2.620101
3	0.400000	-30.513295
4	0.600000	-488.746790
5	0.800000	-246.638959
6	1.000000	614.514095
7	1.200000	117.997711
8	1.400000	9.441331
9	1.600000	-5.065466
10	1.800000	-7.970654
11	2.000000	-9.302274
12	2.200000	-285.555946
13	2.400000	-564.665206
14	2.600000	565.994411
15	2.800000	284.924314
16	3.000000	7.589477
17	3.200000	7.753188
18	3.400000	5.050722
19	3.600000	-9.638080
20	3.800000	-120.728178
21	4.000000	-612.864888
22	4.200000	244.872150
23	4.400000	485.604810
24	4.600000	20.135507
25	4.800000	-3.351582
26	5.000000	-0.305649
27	5.200000	3.679022
28	5.400000	-22.703367
29	5.600000	-485.048011
30	5.800000	-244.427739
31	6.000000	617.507969

图 5-46   BLDC 磁阻力矩数据

	Time [ms]	InducedVoltage(WindingA) [V] Setup1 : Transient	InducedVoltage(WindingB) [V] Setup1 : Transient
1	0.000000	0.805315	-195.380225
2	0.200000	0.805315	-195.380225
3	0.400000	3.414033	-193.457812
4	0.600000	15.478394	-187.231222
5	0.800000	37.942681	-176.554284
6	1.000000	59.347980	-168.196814
7	1.200000	78.160687	-162.801033
8	1.400000	92.720845	-162.816394
9	1.600000	96.964550	-163.651879
10	1.800000	97.910846	-162.696497
11	2.000000	99.272111	-162.130725
12	2.200000	104.062004	-157.581120
13	2.400000	118.034829	-147.287969
14	2.600000	135.560558	-135.543184
15	2.800000	146.773373	-117.890869
16	3.000000	157.655413	-103.926300
17	3.200000	162.176921	-99.263633
18	3.400000	162.696723	-97.893900
19	3.600000	163.649746	-96.941782
20	3.800000	162.793761	-92.548871
21	4.000000	163.249539	-78.635639
22	4.200000	168.447459	-59.628331
23	4.400000	176.299435	-38.375863
24	4.600000	187.198798	-15.525889
25	4.800000	193.692683	-3.331981
26	5.000000	195.493149	-0.843578
27	5.200000	195.468000	0.793467
28	5.400000	193.571464	3.339763
29	5.600000	187.250525	15.455466
30	5.800000	176.531857	37.937219
31	6.000000	168.216323	59.365096

图 5-47   BLDC AB 相反电势数据

9. 图形数据导出

鼠标右键选择需要导出数据的图形标题,选择菜单中的"Export Date"项可完成所选图形的数据导出,文件可以以 Ansoft、txt 、date 等数据文件形式进行存储,具体操作如图 5-48 所示。

5.1.9   保存结果退出软件

所有操作完成后,执行命令 File/Save 保存所建立的项目,执行 File/Exit 命令退出。

图 5-48   图形数据导出操作菜单

5.2   开关磁阻电机简介与仿真实验

5.2.1   开关磁阻电机控制系统组成

1.概述

开关磁阻电机结构简单、可靠性高、恒转矩、恒功率而且调速性能好(覆盖功率为 1×

$10^5 \sim 5 \times 10^6$ W 的各种高、低速驱动调速系统)、价格便宜、鲁棒性好等优点引起了各国电气传动界的广泛重视；由其构成的调速系统兼有直流传动和普通交流传动的优点，是继变频调速系统、无刷直流电机调速系统的最新一代无级调速系统。这种新型调速系统使开关磁阻电机存在许多潜在的领域，在各种需要调速和高效率的场合均能得到广泛使用。

开关磁组电机调速系统之所以能在现代调速系统中异军突起，主要是因为它卓越的系统性能，主要表现在：

(1) 电机结构简单、成本低、可用于高速运转。

(2) 功率电路简单可靠。

(3) 系统可靠性高。

(4) 启动转矩大，启动电流低。典型产品的数据是：启动电流为额定电流的 15% 时，获得启动转矩为 100% 的额定转矩；启动电流为额定电流的 30% 时，启动转矩可达其额定转矩的 250%。

(5) 适用于频繁起停及正反向转换运行。

(6) 可控参数多，调速性能好。控制开关磁阻电机的主要运行参数和常用方法至少有四种：相导通角、相关断角、相电流幅值、相绕组电压。

(7) 效率高，损耗小。以 3 kW SRD 为例，其系统效率在很宽范围内都是在 87% 以上，这是其他一些调速系统不容易达到的。

(8) 可通过机和电的统一协调设计满足各种特殊使用要求。

2. 开关磁阻电机结构

典型的三相开关磁阻电机的结构如图 5-49 所示。其定子和转子均为凸极结构，电机的定子有 8 个极，转子有 6 个极。定子极上套有集中线圈，两个空间位置相对的极上的线圈顺向串联构成一相绕组，图 5-49 中只画出了 A 相绕组；转子由硅钢片叠压而成，转子上无绕组。该电机称为三相 8/6 极开关磁阻电机。在结构形式及工作原理上，开关磁阻电机与大步距反应式步进电机并无差别；但在控制方式上步进电机应归属于他控式变频，而开关磁阻电机则归属于自控式变频；在应用上步进电机都用作"控制电机"，而开关磁阻电机则是拖动用电机。因此，电机设计时所追求的目标不同而使电机的设计参数不同。

与反应式步进电机相似，开关磁阻电机是双凸极可变磁阻电机。从图 5-49 中可以清晰的看到，开关磁阻电机是双凸极结构，其转子上没有任何形式的绕组，也无永磁体，而定子上只有简单的集中绕组，其中径向相对的两个绕组构成一相。电机每一相中流过的电流是由外围功率开关电路中的开关根据转子位置的变化，进行相应的通断而获得的。

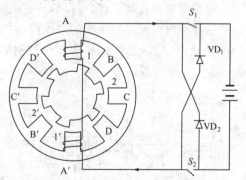

图 5-49　三相开关磁阻电机的结构

图 5-49 中给出的开关磁阻电机是四相的，通常情况下开关磁阻电机可以设计成多种不同相数的结构，如两相、三相、四相或更多相，当相数增加时其结构将变得更复杂，相应的外围电路所使用的器件也相应增加。开关磁阻电机极数的设计也有多种形式，但是定、转子极数和相

数要遵循一定的关系,即定子极数应为相数的 2 倍或 2 的整数倍;而转子极数应不等于定子极数,且一般转子极数少于定子极数,但都是偶数极。由于开关磁阻电机相数与极数的设计,低于三相的电机没有自启动能力,对于有自启动、四象限运行要求的驱动场合。

5.2.2 开关磁阻电机主电路

开关磁阻电机的主电路有多种形式,具有代表性的 3 种电路结构如图 5-50 所示,图中只画出了其中的一相电路。图 5-50(a) 是不对称半桥电路,VT_1、VT_2 导通时,绕组所加电压为正 U_d,关断其中一只主元件零电压续流时,绕组所加电压为零;VT_1、VT_2 同时关断,绕组电流通过 VD_1、VD_2 续流时,绕组电压为 $-U_d$,它可以方便地实现前面分析中所提的各种控制方案,是开关磁阻电机最具典型也是用得最多的主电路形式。图 5-50(b) 是单电源双绕组结构形式,每相有完全耦合的通电绕组及续流绕组,VT_1 导通时,A 相通电绕组电压为 $+U_d$,VT_1 关断后,磁场储能由其耦合线圈使 VD_1 导通而续流,相当于绕组电压为 $-U_d$。这种方案缺点很多,已极少采用。图 5-50(c) 是双电源单绕组,双电源一般靠电解电容分裂电源得到,VT_1 导通时,A 相绕组电压为 $+U_d/2$,能量由上电源提供;VT_1 关断后,VD_1 续流,A 相绕组电压为 $-U_d/2$,能量回馈回下电源。为使上下电源工作对称,电机应采用偶数相,这种方案的优点是元件数量少[但元件总伏安容量与图 5-50(a) 同],电机的引出线少,缺点是无法实现零电压续流。

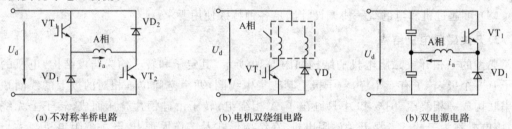

(a) 不对称半桥电路   (b) 电机双绕组电路   (b) 双电源电路

图 5-50   开关磁阻电机主电路的形式

5.2.3 开关磁阻电机系统原理图

根据前面的控制原理,可得到开关磁阻电机调速系统原理图,如图 5-51 所示。图中控制模式选择框是前面控制策略的总体现,它根据速度信号确定控制模式 ——CCC 或 APC。在 CCC 方式时,θ_{on}、θ_{off} 不变,即令逻辑控制单元。

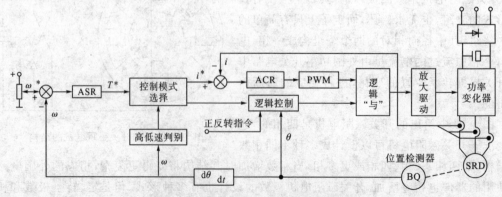

图 5-51   开关磁阻电机调速系统原理图

　　按自控式变频的固有模式确定各相的通断时刻,转矩指令 T^* 即可直接作为电流指令 i^* 输出;在 APC 方式时,把电流指令 i^* 抬得很高,斩波不会出现,由转矩指令 T^* 的增、减来决定 θ_{on}、θ_{off} 的指令值 θ_{on}^*、θ_{off}^*,由 θ_{on}^*、θ_{off}^* 修正逻辑控制框所确定的通、断时刻。

　　在 CCC 方式时,实际电流的控制由 PWM 斩波实现,PWM 的方法有多种,电流跟踪法(滞环比较)是最常用的办法,用电流跟踪法时,则不需要电流调节器 ACR,也可采用其它的 PWM 方法,如三角波与直流电平比较的方法。斩波控制时,由逻辑控制框决定通断的大周期,由 PWM 框确定真正通断的斩波时刻,经"逻辑与"后输出。

　　开关磁阻电机的各相是独立控制、独立驱动的,电机的每相一般要引出两个端子,使电机的引线较多。电流比较与 PWM 环节也是各相独立进行,因此,开关磁阻电机可以缺相运行。开关磁阻电机的转矩脉动大,相应措施跟不上时就使噪音大,这也是由其工作原理所决定了的缺点。总之,开关磁阻电机有不少其它系统所不具备的优点,特别是高效率区宽,高速运行区域宽等,也有许多目前还让人不满意的缺点,这也正说明它还正在发展之中。

5.2.4　开关磁阻电机仿真实验

【实验目的】

(1) 学习掌握 MATLAB 和 Simulink 软件;

(2) 加深了解开关磁阻电机运行原理;

(3) 了解开关磁阻电机系统原理。

【实验设备与仪器】

仿真计算机一台;相关软件。

【实验说明与操作步骤】

1. 按照图 5-52 搭建 SRM 的 Simulink 仿真模型

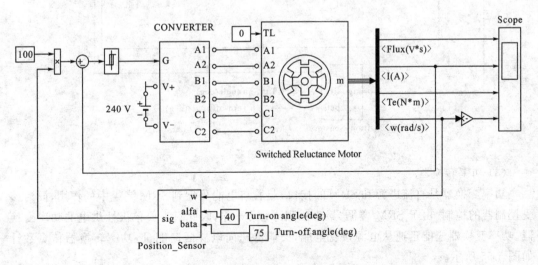

图 5-52　仿真模型

2.设置相关参数

（1）电机模型及参数设置（图 5-53）

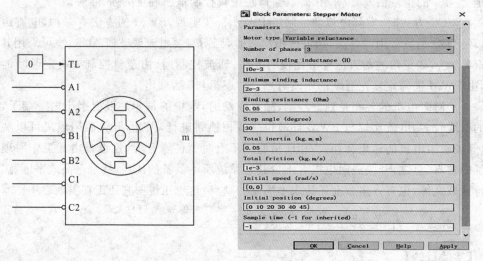

图 5-53　SRM 参数设置

（2）反馈环节

反馈环节如图 5-54 所示，内环：电流反馈，电流参考值设置为 200 A；外环：角度反馈，开通角 40°，关断角 75°。

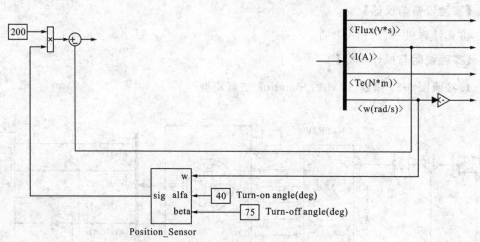

图 5-54　反馈环节

（3）功率转换器

功率变换器是直流电源和 SRM 的接口，起着将电能分配到 SRM 绕组中的作用，同时接受控制器的控制。由于 SRM 遵循"最小磁阻原理"工作，因此只需要单极性供电的功率变换器。功率变换器应能迅速从电源接受电能，又能迅速向电源回馈能量。功率转换器传真数计如图 5-55 所示。

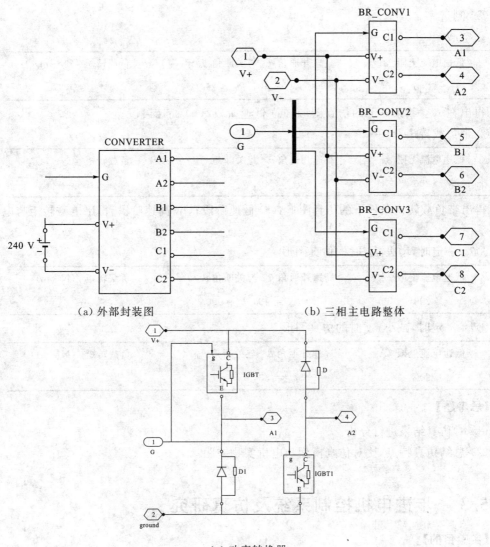

（a）外部封装图　　　　　　　　　　　　（b）三相主电路整体

（c）功率转换器

图 5-55　单相电路图

（4）输出

输出显示：输出磁通 Flux，电流 I，转矩 T_e，角速度 ω，输出模块如图 5-56 所示。

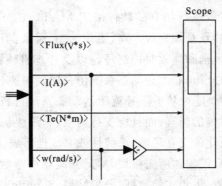

图 5-56　输出模块

（5）测量

① 空载

低速电流上限 /A	高速开通角 θ_{on} 与关断角 θ_{off} /(°)	负载转矩 /(N·m)
200	$\theta_{on} = 40, \theta_{off} = 75$	0

得出在 / 空载条件下的仿真图形：(a) 低速阶段；(b) 高速阶段。

② 带负载转矩

低速电流上限 /A	高速开通角 θ_{on} 与关断角 θ_{off} /(°)	负载转矩 /(N·m)
200	$\theta_{on} = 40, \theta_{off} = 75$	55

得出带负载转矩条件下的仿真图形：(a) 低速阶段；(b) 高速阶段。得出电磁转矩与电流的关系。

③ θ_{on} 一定时，增大 θ_{off} 时的仿真图形

低速电流上限 /A	高速开通角 θ_{on} 与关断角 θ_{off} /(°)	负载转矩 /(N·m)
200	$\theta_{on} = 40, \theta_{off} = 90$	0

④ θ_{off} 一定时，减小 θ_{on} 时的仿真图形

低速电流上限 /A	高速开通角 θ_{on} 与关断角 θ_{off} /(°)	负载转矩 /(N·m)
200	$\theta_{on} = 33, \theta_{off} = 75$	0

【思考题】

（1）对仿真结果进行分析。

（2）总结仿真特点，比对仿真模型与电机实物差距。

5.3　步进电机控制系统及仿真研究

【实验目的】

（1）学习掌握 MATLAB 和 Simulink 软件；

（2）加深了解步进电机运行原理。

【仿真工具简介】

本文对步进电机控制系统进行仿真的软件采用 MATLAB/Simulink，MATLAB 是一种高性能数值计算软件，其特点是编程效率高、语句简单、强大的图形功能和齐全的自动控制软件工具包等优点。它的简洁和高效对控制理论以及计算机辅助设计起到了巨大的推动作用。基于 MATLAB 平台的 Simulink 是动态系统仿真领域中著名的仿真集成环境，其具有相对独立的功能和使用方法，是对基于信号流图的动态系统进行仿真、建模和分析的软件包，它不但支持连续、线性系统的仿真，而且也支持离散、非线性系统的仿真。

Simulink 拥有一种可视化的交互环境，对线性或非线性系统、信号处理和数字控制系统有着强大的支持，研究人员只需添加所需模块，然后修改相应参数、属性等就可以建立仿真模型，同时可以观测仿真过程、采集实验数据、分析结果。Simulink 作为面向系统框图的仿真

平台,它具有如下特点:

(1) 以调用模块代替程序的编写,以模块连成的框图表示系统,单击模块即可输入模块参数。以框图表示的系统应包括输入、输出和组成系统本身的模块。

(2) 部分用户特定功能模块可以通过简单的程序编写实现,封装成模块后连接进入仿真系统,参数及端口设定方便。

(3) 搭建系统模型,设置好仿真参数,即可启动仿真。Simulink 自动完成仿真系统的初始化过程,将系统模型转换为仿真的数学方程,建立仿真的数据结构,并计算系统输出。

(4) 系统运行的状态和结果可以通过波形和曲线观察,等效于实验室中用示波器观察。Simulink 包括非常全面的模块库及工具箱,而且有十分丰富的针对电力电子控制方面的工具箱,例如:SimPowerSystems(电力电动工具箱)、SimScape(跨学科物理系统建模和仿真工具)、SimMechanics(机构仿真)。其中 SimPowerSystems 是针对电力电子系统仿真而开发的工具箱,与例如 PIPICE 和 SABER 等模拟电路仿真软件进行器件级别的仿真分析不同,SimPowerSystems 的着重点是描述模块的功能特性, 方便与控制系统相连接。SimPowerSystems 模型库中包含常用的电源、电力电子器件和模块、电机模型以及相应的驱动、控制和测量模块,使用这些模型进行电力电子电路系统、电力系统、电力传动等的仿真,能够简化编程工作,以直观易用的图形方式对电气系统进行模型描述。

所以 Simulink 作为目前较为成熟的电气控制系统仿真平台,得到了广泛应用。本实验使用 Simulink 及 SimPowerSystems 中的模块对步进电机控制系统进行仿真研究。

【步进电机模型仿真】

本次实验选用 Simlulink 中提供的一种基于 SimPowerSystem 仿真引擎的步进电机模型,图 5-57 为两相混合式步进电机模块,它主要由电磁力矩方程串联电气部分和机械动力学部分两个模块组成,其中 Mechanical 子模块为机械动力学模块,其余模块为电气部分,电气部分中包含了绕组的电压平衡方程、反电动势方程。

IA＋、IA－和 IB＋、IB－分别代表 A、B 两相绕组的电流输入端,TL 端是负载转矩的输入端,111 端为整个电机模型的总输出口,其中包括两相绕组电压(V)、相绕组电流(A),电磁转矩 T_e(N·m)、机械角速度 ω(rad/s)、转子机械位置 Theta(rad),本实验将输出量作为系统运行的观测量对仿真结果做出判断。

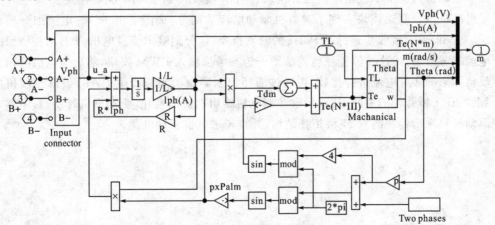

图 5-57　两相混合式步进电机模块

Mechanical 机械模块内部结构如图 5-58 所示,其中需要设定的参数是黏滞阻尼系数 B。

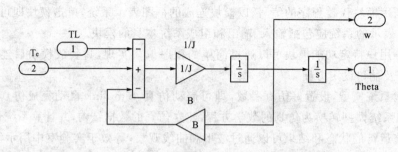

图 5-58   两相混合式步进电机 Mechanical 机械模块内部结构

为了区分功能模块,方便修改模块参数,Simulink 提供了子系统封装功能,这里将图 5-58 中相关组件封装成一个完整电机模型,如图 5-59 所示,这样便将步进电机功能模块化,在仿真中可通过更改电机相关参数实现不同类型的步进电机。

步进电机相关参数设定:设定电机步进角为 1.8°,控制脉冲速率为 100 pulse/s,则单个脉冲周期为 0.01 s,驱动电机转动 0.1 s,在电机单相通电和整步驱动的控制方式下,步进电机应转动 18°,仿真时长为 0.1 s,得到相电流和转动角度波形。

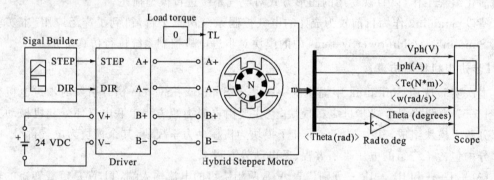

图 5-59   电机模型仿真验证模块

【驱动部分仿真】

细分驱动仿真模型中包括电流细分模块、PWM 模块和 H 桥功率驱动模块。

步进电机细分驱动模块实现了对电机驱动电流的细分,如图 5-60 所示。电流细分模块 Current subdivision 接收步进脉冲 Pulse 的触发指令后,分别输出步进电机 A、B 两相绕组的细分电流参考波形,把这一拟正弦电流波形作为参考值输入 PWM 模块,然后与电机两相绕组端反馈回来的实际电流进行比较,再通过滞环控制器做出判断产生 PWM 波形控制桥中四个 MOSFET 桥臂管的关断,从而精确控制电机绕组电流的变化,驱动电机转动。其中整个细分驱动模块采用传统的双 H 桥拓扑结构,外接步进电机驱动电源。

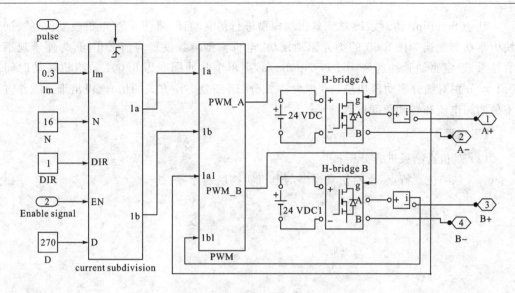

图 5-60　步进电机细分驱动模块

电流细分模块和 PWM 模块分别如图 5-61 和图 5-62 所示。

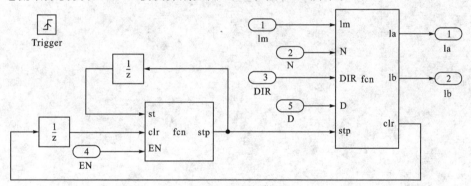

图 5-61　电流细分模块

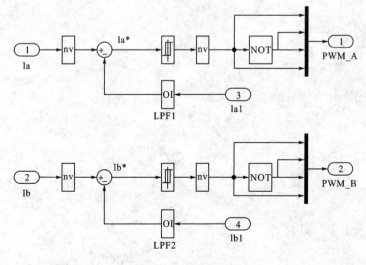

图 5-62　PWM 模块

　　基于 Simulink 仿真系统对细分驱动模型进行仿真验证,将图 5-59 电机模型仿真验证模块中驱动器更换为图 5-60 的细分驱动模块,电机模型参数设置与前文相同,为便于观察仿真结果,设定驱动脉冲速率为 1 000 pulse/s,则单个脉冲周期为 0.001 s,电机转动时间为 0.1 s,分别对细分驱动模块进行 4 细分、8 细分、16 细分工作方式的仿真。得出细分工作方式下的两相电流和转动角度仿真波形。

【思考题】

　　(1) 对仿真结果进行分析;

　　(2) 总结仿真特点,比对仿真模型与电机实物区别差异。